Die statische Berechnung allgemeiner ausgesteifter Faltwerke mit Hilfe Finiter Elemente vom Gleichgewichtstyp

von

Dr. sc. techn. Walter Bosshard

Institut für Baustatik

Eidgenössische Technische Hochschule Zürich

Springer Basel AG 1971

ISBN 978-3-0348-4087-3   ISBN 978-3-0348-4162-7 (eBook)
DOI 10.1007/978-3-0348-4162-7

VORWORT

Die Tragsysteme des Stahlbaues werden in der Regel mittels
einfacher Modelle der Stabstatik untersucht. Zur Abgrenzung
des Gültigkeitsbereiches solcher Näherungsverfahren sowie zur
Ueberprüfung ihrer Genauigkeit sind Ergebnisse erforderlich,
die mit Idealisierungen höherer Annäherung an der konstruk-
tiven Wirklichkeit gewonnen werden.

Die vorliegende Untersuchung wurde von Herrn W. Bosshard
als Dissertation (Referent Prof. Dr. P. Dubas, Korreferent
Prof. Dr. W. Schumann) ausgearbeitet. Die verschiedenen
Elemente einer Tragkonstruktion sind dabei als Scheiben
idealisiert, so dass nur die für das Tragverhalten kaum
massgebende Querbiegesteifigkeit vernachlässigt bleibt.
Zur Bestimmung der Beanspruchungen der auf verschiedene
Arten zusammenwirkenden Einzelscheiben wird die Methode
der Finiten Elemente verwendet; der Vorzug wurde Elementen
des Gleichgewichtstypes gegeben, bei denen die Fehler der
Diskretisierung nicht die örtlichen und gesamten Gleichgewichtsbedingungen betreffen, sondern nur die für die
Sicherheitsbetrachtungen weniger wichtigen inneren und
äusseren Verträglichkeitsbedingungen.

Die vorliegende Arbeit soll einerseits den sich für die
computergerechte Ausarbeitung des Rechenganges interessieren-
den Spezialisten ansprechen - wobei die Aufteilung des Gesamt-
systems in einfacher zu behandelnde Substrukturen besonders
zu erwähnen ist - und andererseits wird der praktisch tätige
Ingenieur aus den zahlreichen untersuchten Problemen (Rahmenecke, Stützenbereich eines Durchlaufträgers, Torsionsverhalten
von Brücken mit unterem Verband, Stahlleichtfahrbahn) wert-
volle Rückschlüsse für die Berechnungspraxis ziehen können.

Eidgenössische Technische   Prof. Dr. P. Dubas
Hochschule - Zürich

Oktober 1971

INHALT

ZUSAMMENFASSUNG

Ein automatisches numerisches Berechnungsverfahren für die statische, linearelastische Berechnung ausgesteifter und ausgefach-
ter Faltwerke mit biegeweichen Scheiben beliebiger polygonaler Form wird entwickelt.

Die Diskretisation des kontinuierlichen Tragwerks stützt sich
auf einen Finite-Element Ansatz durch Polynome 5. Grades für
die Airy'sche Spannungsfunktion der Einzelscheiben in allgemeinen Dreiecksbereichen. Besondere Hilfselemente dienen der
Formulierung der Uebergangsbedingungen bei verzweigten Scheibenkanten. Der Ansatz ist ein vollständiger Gleichgewichtsansatz;
alle Diskretisationsfehler betreffen die Verträglichkeit. Die
relativ hohe Ordnung des Elementansatzes garantiert darüber
hinaus lokale Kontinuität des genäherten Spannungsfeldes in
den Knoten des Dreiecksnetzes. Hilfselemente erlauben die Heran-
ziehung dieser Ueberkontinuität in geeigneter Weise auch bei
den Anschlussknoten von Stabelementen oder an mehrfachen Scheibenkanten.

Das diskrete System hat Kraftgrössen als Hauptvariable und
Verschiebungsgrössen als Hilfsvariable (Lagrange'sche Multiplikatoren). Die Lösung der indefiniten Gleichungssysteme erfolgt
stufenweise im Rahmen einer Substrukturtechnik mit beliebig vielen Stufen; der Algorithmus für die Teilelimination auf einer
Stufe vermittelt eine a u t o m a t i s c h e H i l f s -
l a g e r u n g der einzelnen Substrukturen. Diese Massnahme schützt zugleich vor anderen Situationen linearer Fast-
Abhängigkeit in den Gleichungssystemen. Die Substrukturtechnik ist besonders geeignet für die Erfassung von Tragwerken mit
regelmässiger Repetition von Bauteilen. Das Fehlen eines
übergeordneten globalen Koordinatensystems erübrigt Transfor-

mationen an den Substrukturmatrizen gleicher Bauteile in gedrehter räumlicher Lage.

Die Datenstruktur des elektronischen Rechenprogramms erlaubt die Ausnützung aller Repetitionen auch an Tragwerken, die nur teilweise regelmässig sind. Das Rechenprogramm ist auf den schrittweisen Aufbau grosser Tragwerke mit Zwischentests an den Substrukturen von Zwischenstufen ausgerichtet. Die automatisch ermittelten Hilfslager der Substrukturen werden vom Programm so verwaltet, dass sie automatisch oder manuell weiterverarbeitet werden können. Nach Abschluss des Strukturaufbaus mit der Auflösung auf der höchsten Stufe erfolgt rückwärts die Bestimmung der Resultate an den Substrukturen aller Stufen in einem Rechengang selektiv und automatisch. Auf der Grundelementstufe können die Spannungen direkt graphisch dargestellt werden.

Beispiele zeigen die besondere Eignung dieser Gleichgewichtsmethode für den Bauingenieur, der auf Grund der Gegebenheiten der Baustoffe und Fertigungsverfahren im Bauwesen an G l e i c h - g e w i c h t s m o d e l l e n besonders interessiert ist. Sie geben darüber hinaus Hinweise auf eine ausgezeichnete numerische Tauglichkeit des Verfahrens auch an relativ grossen Problemen. Das grösste gelöste Beispiel behandelt in 10 Stufen ein Tragwerk, das bei direkter Auflösung mit derselben Diskretisation mehr als 50'000 Unbekannte hätte, ohne dass einschneidende Stellenverluste festzustellen wären.

Gleichgewichtsmodelle sind ihrem Wesen nach die rechentechnisch aufwendigsten Varianten der Finite-Element-Technik. Wo wegen der Verwendung duktiler Materialien grobe Gleichgewichtsmodelle ausreichen und eine teilweise Regelmässigkeit der Tragwerke vorliegt, muss diese Tatsache nicht von vornherein deren praktische Unterlegenheit bedeuten.

Das entwickelte Verfahren ist gebrauchssicher und automatisch,
aber nicht narrensicher. Die Arbeit mit Gleichgewichtsmodellen
dieser Art verlangt etwas mehr Einsicht in das Tragverhalten
und die Rechentechnik als kinematische Verfahren.

SUMMARY

A finite-element equilibrium method for static, linear elastic
analysis of stiffened and web-braced folded plate structures
of arbitrary geometry is presented.

For discretization of plane stress in plates, Airy's stress
function is approximated in general triangular elements by
polynomials of the fifth order; this equilibrium element is
stress-diffusing, and it ensures full local compatibility at
nodes. Auxiliary elements are used to impose equilibrium and
compatibility at multiple joints of plates and other structural
members. A beam element for eccentric connection with plates
is included.

The discrete system has forces as main variables and displace-
ments as Lagrange multipliers. The solution is found in the
frame of a substructure technique with an arbitrary number
of substructure levels. The algorithms for partial elimination
at a given level provide auxiliary supports of substructures
automatically; this measure protects the solution process
against other situations of linear dependence as well.

The computer program implemented (in a standart "pidgin"
subset of FORTRAN for universal compatibility) is designed
for taking full advantage of total or partial regularity of
structural configuration. As no overall coordinate system
is used, substructure matrices are independent of spatial
orientation, and no transformations are required for repeated
substructures in rotated positions. Regularity need not in-
clude loadings or supports; slight departures from full
regularity does not offset possible economies of computing
effort. However, the program is not confined to such regular

cases; consistent use of tree structures in organizing data
and recursive programming concepts make it entirely general.
Several examples show the suitability of the method to
civil engineering problems, where equilibrium models are of
particular interest. The largest example solved has more than
50000 discrete structural variables; no signs of numerical
instability have been observed in this or in smaller examples.

BEZEICHNUNGEN

Dünndruck bezeichnet Zahlen (Skalare), Fettdruck Matrizen.

Hilfszeichen:

$[\ldots]$	Matrizenelemente
$\{\ldots\}$	Matrizenelemente, transponiert angeschrieben
t	Transponierte Matrix
-1	Inverse Matrix
$..$	Zyklische Vertauschung
$\rightarrow$	Geometrische Vektoren
$.$	Skalarprodukt
x	Vektorprodukt
$(\vec{a} \times \vec{b})_z$	Komponente z des Vektorproduktes
$+ - =$	Arithmetische Zeichen für Matrizen
$[,]$	Energieprodukt $\Big\}$ nur im Abschnitt 1
$(,)$	Aeussere Arbeit
Δ	Anteile der Energie oder des Potentials (vorangestellt)
$\sim \sim$	Kennzeichen für d i s k r e t i s i e r t e Feldgrössen
$-$	(Ueberstreichung) im betrachteten Substrukturschritt f e s t e Feldgrössen
$(..^*..)$	Unter Matrizen: Dimensionen

Indizes:

i, j, k, m	Laufende Nummern, die zugleich Ortsbezeichnung sind
I, K, M, N	Ganze Zahlen
i, a	Innere, äussere Variable
e, E	Elemente
T, S	Substrukturen (T nur bei Stützwerten der Spannungsfunktion verwendet)
ν	Randgrösse

Feste Formelzeichen für Skalare:

x, y, z	Kartesische Koordinaten
n, s	Aeussere Normale, Seitenrichtung
$\varphi_1, \varphi_2, \varphi_3$	Homogene Dreieckskoordinaten
ξ, η, κ	Schiefe Axenrichtungen
Φ	Airy'sche Spannungsfunktion
t	Scheibenstärke
l	Seitenlänge
B	Biegemomente
Z	Trägheitsmomente
F, Q	Normalkräfte, Querkräfte
A	Fläche (absolut)
π	Komplementäre Energie oder - Potential
π^*	Reissner'sches Funktional (erweiterte Energie)

Matrizen:

Allen Matrizensymbolen werden mindestens beim ersten Auftreten die Dimensionen in Klammern unter dem Zeichen beigegeben.

a, b, c	Indextransformationen (pro Zeile nur ein Element $\neq 0$, mit dem Wert ± 1)
E	Elastizitätsmodul $(3*3)$ des ebenen Spannungszustandes
$F, G, H, K, M, A, B, C, R$	Matrizen mit festen, tragwerksabhängigen Elementen.
$\xi, \beta, \zeta, \nu, \eta$	Polynommatrizen, Interpolationsmatrizen.

1. Aufgabenstellung und Lösungs-methode

Diese Arbeit behandelt ein numerisches Verfahren für die statische Untersuchung allgemeiner Faltwerke, welches besonders auf die Verhältnisse des Stahlbaus zugeschnitten ist. Betrachtet werden gelenkige Faltwerke aus Scheiben beliebiger polygonaler Form, die durch stabförmige Glieder (Steifen, Pfosten, Gurtungen, Verbände) ausgesteift oder ausgefacht sein können. Mehrfache Faltwerkskanten (Verzweigungen) sind zugelassen.

Es gelten die üblichen Voraussetzungen der linearen Elastizitätstheorie: Kleine Verschiebungen, linearelastische Werkstoffe. Materialanisotropie und inhomogene Materialeigenschaften im Grossen können berücksichtigt werden (Verbundtragwerke).

Entsprechend der Annahme gelenkiger Faltwerke ist die Plattensteifigkeit der Scheiben vernachlässigt. Die Belastungen greifen in den Kanten und Knoten an.

Das Lösungsverfahren stützt sich auf die Diskretisation der Airy'schen Spannungsfunktion der Scheiben durch einen Finite-Element-Ansatz höherer Ordnung. Ein solches Energieverfahren zeichnet sich vor anderen numerischen Methoden aus durch

- zwangslose Erfassung allgemeiner Geometrie und Lagerung
- leichte Automatisierung

Die spezielle Wahl eines reinen Gleichgewichtsansatzes soll im Folgenden eingehend diskutiert werden.

1.1 Stufen der Vereinfachung und Idealisierung in der numerischen Statik kontinuierlicher Tragwerke

Festigkeitsprobleme an kontinuierlichen Tragwerken durchlaufen von der praktischen Aufgabenstellung bis zur Lösung eine Kette von Vereinfachungen (Fig. 1.01)

Das geplante Tragwerk ist Ausgangspunkt und Ziel eines iterativen Bemessungs- und Berechnungsvorgangs. Um die Aufgabe einer rechnerischen Lösung zugänglich zu machen, wird das geplante Tragwerk durch Vereinfachungen der Geometrie, des Tragverhaltens und der Werkstoffeigenschaften gewissen mechanischen Modellen mit einfachen, mathematisch fassbaren Eigenschaften zugeordnet. Wegen den getroffenen Vereinfachungen und Vernachlässigungen wird ein einzelnes mechanisches Modell nur die Beantwortung einer Teilfrage erlauben, so dass mehrere mechanische Modelle herangezogen werden müssen; man trifft in statischen Berechnungen in der Regel verschiedene mechanische Modelle für

- die Bestimmung der Spannungen unter Gebrauchslast
- die Erfassung der Tragfähigkeitsgrenzen:
  Bruchlast, Stabilitätsgrenzen
- das Schwingungsverhalten, die Standfestigkeit usw.

Dabei beinhaltet diese Art der Aufteilung in Teilfragen ebenfalls eine Vereinfachung. An einem mechanischen Modell existiert normalerweise eine exakte Lösung der betreffenden Teilfrage. Sofern realitätsnahe Modelle verwendet werden, ist jedoch eine analytische Bestimmung dieser Lösung selten möglich. Zu einer angenäherten numerischen Lösung müssen die unbekannten Funktionen durch bekannte Funktionen mit einer endlichen Zahl von unbekannten Parametern approximiert werden.

Wirkliches Tragwerk
Unsicherheit
Geplantes Tragwerk
Vereinfachungen ,Vernachlässigungen
Mechanisches Modell I
Mechanisches Modell II
Mechanisches Modell III
Diskretisationsfehler
Diskreti-siertes Modell
Rundungsfehler
Numerisches Modell

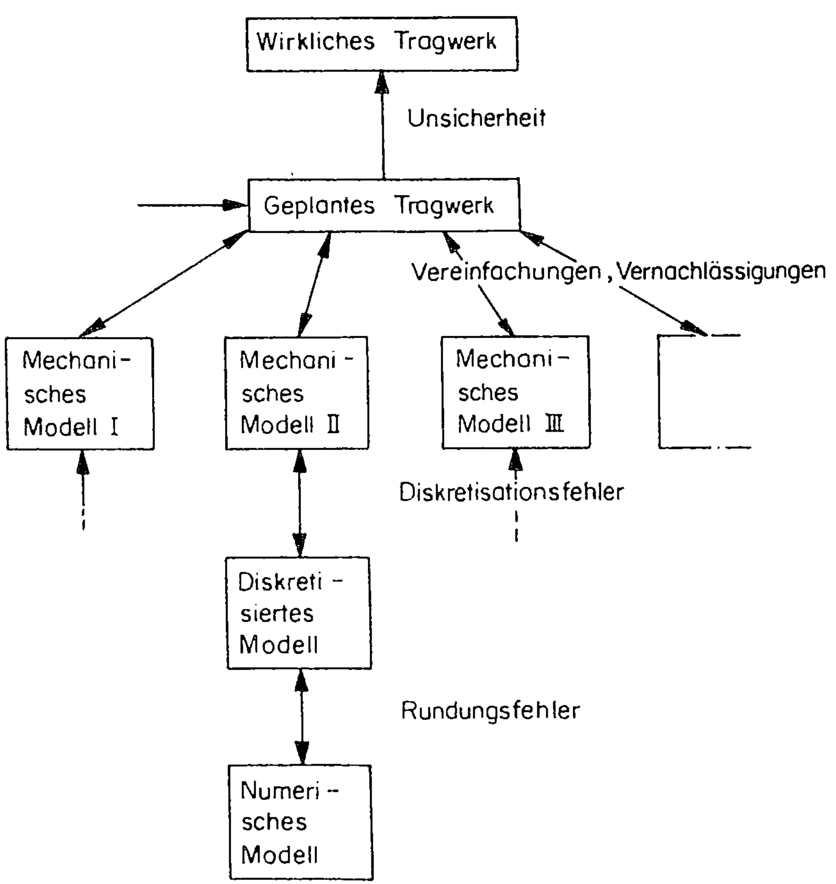

Fig. 1.01

Das so erhaltene d i s k r e t i s i e r t e M o d e l l
des kontinuierlichen mechanischen Modells kann wegen der
willkürlichen Verkürzung des Variablensatzes auf eine endli-
che Zahl von Komponenten nicht mehr allen elastischen Feld-
gleichungen genügen; es entstehen D i s k r e t i s a t i -
o n s f e h l e r, die je nach dem Diskretisationsverfahren
Gleichgewichtsbedingungen, Verträglichkeitsbedingungen,
Stoffgleichungen oder mehrere dieser Bedingungsgruppen tref-
fen. Die Lösung am diskreten System wird so bestimmt, dass
diese Diskretisationsfehler in geeigneter Weise minimal
gemacht werden. Diese Lösung muss numerisch mit einer be-
grenzten Stellenzahl bestimmt werden: Das n u m e r i s c h e
M o d e l l ist schon bei seiner Aufstellung mit Rundungsfehlern behaftet, die dann im Verlauf der Rechnung mehr oder
weniger angehäuft werden.

Das w i r k l i c h e T r a g w e r k unterscheidet sich
vom geplanten durch Streuungen der Materialeigenschaften,
durch Abweichungen in den Abmessungen und Belastungen. Das
Ausmass dieser Unsicherheiten ist in den verschiedenen Ge-
bieten der Technik sehr unterschiedlich. Es kann klein gehalten werden, wenn

- die Herstellung in industrieller Seriefertigung
  erfolgt
- Materialien und Verarbeitungstechniken hoher
  Qualität eingesetzt werden
- die Belastungen selbst aus kontrollierten technischen Vorgängen stammen
- im Betriebszustand eine ständige Ueberwachung
  und Wartung gegeben ist.

Im Gegensatz zum Maschineningenieur oder Flugzeugstatiker
kann sich der Bauingenieur selten auf solche ideale Verhältnisse stützen. Diese Tatsache begrenzt den sinnvoll

vertretbaren Aufwand bei der Analyse des geplanten Tragwerkes:
Sowohl eine Verbesserung der mechanischen Modelle als auch
eine Verfeinerung der zugeordneten Diskretisationsprozesse
hat keinen Sinn, wenn die Unsicherheitsspanne zum wirklichen
Tragwerk zu gross ist. Wesentlich ist nun, dass ein über-
wiegender Teil dieser Unsicherheit die K o n t i n u i t ä t
des Tragwerks und seiner Teile betrifft. Eine ganze Reihe
von Herstellungs- und Werkstoffimperfektionen wie

- Verbindungen mit unsicherer Steifigkeit, "Spiel"
- unvollständiger oder elastischer Verbund
- Risse, lokaler plastischer Fluss schon unter
  Gebrauchslasten
- lokaler Stabilitätsverlust infolge Anfangsver-
  formungen

beeinträchtigen die Einhaltung der Verträglichkeitsbedingungen am wirklichen Tragwerk und führen den Bauingenieur dazu,
sinnvoller nach einem m ö g l i c h e n G l e i c h g e -
w i c h t s z u s t a n d bei Einhaltung der wichtigsten Verträglichkeitsbedingungen und der zugelassenen Beanspruchungs-
grenzen zu fragen, als nach einer "exakten" Lösung eines elastischen Spannungsproblems.

1.2 Die Fehler bei grober Diskretisation

Vom Standpunkt der mathematischen Physik ist die wichtigste
Eigenschaft eines Diskretionsverfahrens sein Konvergenzver-
halten: Bei fortgesetzter gleichförmiger Verfeinerung der
Diskretisation soll die Näherungslösung in den Normen gewis-
ser Funktionalräume gegen die exakte Lösung streben [9,21].

Der Ingenieur hat in praktischen Anwendungen der numerischen
Kontinuumsstatik nie Gelegenheit, einem solchen Konvergenz-
vorgang numerisch - auch nur über einige Schritte - nachzu-
gehen; in grober Abschätzung bringt eine einzige Halbierung
der Maschenweite der Diskretisation in einem zweidimensionalen
Fall eine Vervierfachung der Anzahl Unbekannten, und damit
eine Erhöhung des Rechenaufwandes für die Gauss'sche Elimination um einen Faktor 64. Bei solchen Wachstumsfaktoren
kann auch der übliche Hinweis auf den Computer als deus ex
machina nicht weit helfen; vielmehr muss sich der Ingenieur
aus Gründen der Vernunft und der Verhältnismässigkeit der
Mittel immer mit groben Diskretisationen begnügen. Für den
Bauingenieur als Vertreter eines nach wie vor nur teilweise
industrialisierten Zweiges der Wirtschaft sind solche Ueberlegungen besonders zwingend: Seine Tragwerke sind zumeist
"Einzelanfertigungen", die nicht den hohen Einsatz an Computer-
Rechenzeit rechtfertigen können, welcher der Typenentwicklung
in der Flugzeugindustrie heute in der Regel zugrunde liegt.
Der Charakter der Diskretisationsfehler erhält damit grosse
Bedeutung - im Sinne des letzten Abschnitts insbesondere
dann, wenn diese Fehler das Gleichgewicht betreffen. Wir
prüfen diese Frage für die drei wichtigsten Varianten der
Finite-Element-Technik.

1.21 Verträgliche Finite Elemente

Grundlage der Diskretisation ist ein Ritz'scher Ansatz

$$\widetilde{\varphi} = \begin{bmatrix} \tilde{u}\,(x,y) \\ \tilde{v}\,(x,y) \end{bmatrix} = \sum_{1}^{N} a_K\,\varphi_K \tag{1.011}$$

als Näherung für den wahren Verschiebungszustand unter der gegebenen Belastung. Folgende speziellen Konventionen kennzeichnen in diesem Fall einen Finite-Element-Ansatz:

- Das Tragwerk wird durch geeignete Linien in Elemente aufgeteilt gedacht (Fig. 1.02). Die Ansatzparameter a_K erhalten die Bedeutung von lokalen Stützenwerten des genäherten Verschiebungszustands (1.011) in den Knoten, auf den Kanten oder innerhalb der Elemente des Netzes. Es kann sich dabei um Funktionswerte, Ableitungen oder elementlokale Integrale des genäherten Verschiebungsfeldes handeln.

- Die Ritz'schen Koordinatenfunktionen sind stetig und haben i n n e r h a l b der Elemente stetige Ableitungen. Ihre Werte im Innern eines Elementes sind vollständig bestimmt durch die Stützwerte a_K a n d i e s e m E l e m e n t.

Daraus und aus der Stetigkeit folgt, dass die Werte des Näherungsfeldes längs einer Elementkante nur von den Stützwerten an dieser Kante selbst abhängen können. Die Koordinatenfunktionen φ_K sind auf Grund dieser Definitionen eng lokalisiert. Sie nehmen in ihren Stützstellen den Wert 1 an und verschwinden an jeder anderen Stützstelle. Ausserhalb der Elemente, die direkt an ihre Stützstelle angrenzen, verschwinden sie identisch.

Die unbekannten Parameter a_K erhält man aus dem Ritz'schen Gleichungssystem [3]

$$[\tilde{\varphi} , \varphi_K] = (\bar{f} , \varphi_K) \qquad (1.012)$$

$$K = 1 \dots N$$

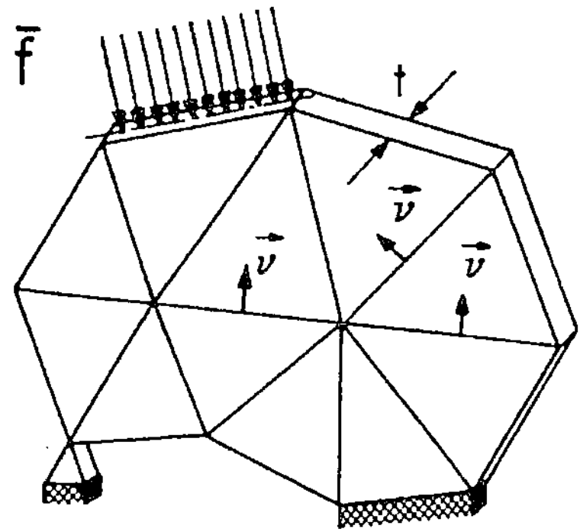

Fig. 1.02

Darin bezeichnet die eckige Klammer das Energieprodukt zweier
elastischer Zustände

$$[\varphi, \psi] = t \iint\limits_{A} (\sigma_x^\varphi \epsilon_x^\psi + \sigma_y^\varphi \epsilon_y^\psi + \tau_{xy}^\varphi \gamma_{xy}^\psi)\, dA \qquad (1.013)$$

und die runde Klammer die äussere Arbeit der gegebenen Belastungen, welche bezogene Linienkräfte auf dem äusseren
Rand ∂A_a von A oder bezogene Flächenkräfte in seinem Innern
sein können:

$$(\bar{f}, \psi) = \int\limits_{\partial A_a} (\bar{X}_\nu\, u^\psi + \bar{Y}_\nu\, v^\psi)\, ds$$

$$+ \iint\limits_{A} (\bar{X}\, u^\psi + \bar{Y}\, v^\psi)\, dA \qquad (1.014)$$

Gl. (1.012) stimmt formal überein mit dem Prinzip der virtuellen Verschiebungen für den Ansatz (1.011) als Spannungszustand mit jeweils einer Ansatzfunktion φ_K als virtuellem
Verschiebungszustand. Dieses Prinzip beruht auf den Voraussetzungen, dass der Spannungszustand mit seinen Rand- und
Flächenkräften im Gleichgewicht und der virtuelle Verschiebungszustand ein verträglicher sei. Die erste Voraussetzung

ist wegen der rein kinematischen Definition des Ansatzes
nicht erfüllt. Die Spannungen, welche aus ihm mittels der
Dehnungen

$$\epsilon_x = \frac{\partial u}{\partial x} \qquad \epsilon_y = \frac{\partial v}{\partial y} \qquad \gamma_{xy} = \frac{\partial u}{\partial y} + \frac{\partial v}{\partial x} \qquad (1.015)$$

und des linearen Materialgesetzes abgeleitet werden, sind mit
bezogenen Flächenkräften $\tilde{X}, \tilde{Y}$ behaftet,

$$t \left(\frac{\partial \tilde{\sigma}_x}{\partial x} + \frac{\partial \tilde{\tau}_{xy}}{\partial y} \right) + \tilde{X} = 0$$

$$t \left(\frac{\partial \tilde{\tau}_{xy}}{\partial x} + \frac{\partial \tilde{\sigma}_y}{\partial y} \right) + \tilde{Y} = 0$$

die nicht mit den gegebenen Flächenkräften $\overline{X}, \overline{Y}$ übereinstimmen.
Ganz entsprechend sind die Randkräfte $\tilde{X}_\nu, \tilde{Y}_\nu$ nicht den angebrachten Belastungen $\overline{X}_\nu, \overline{Y}_\nu$ gleich, und schliesslich treten an
allen inneren Elementkanten ∂A_i Spannungssprünge auf, weil
die ersten Ableitungen der Ansatzfunktionen nicht stetig vorausgesetzt sind. Das heisst mit anderen Worten, dass auch an
inneren Elementkanten bezogene Linienkräfte $\tilde{X}_\nu$ wirken, welche die Spannungen auf den beiden Rändern des Schnittes zu
Null ergänzen. Zusammen mit den so eingeführten R e s t -
k r ä f t e n (mit Tilde) ist $\tilde{\varphi}$ ein Gleichgewichtszustand,
so dass hier das Prinzip der virtuellen Verschiebungen unabhängig von den Parametern des Ansatzes i d e n t i s c h
erfüllt ist:

$$\left[\tilde{\varphi}, \varphi_K \right] \equiv \int_{\partial A_i, \partial A_a} (\tilde{X}_\nu \, u^{\varphi_K} + \tilde{Y}_\nu \, v^{\varphi_K}) \, ds +$$

$$+ \iint_A (\tilde{X} \, u^{\varphi_K} + \tilde{Y} \, v^{\varphi_K}) \, dA$$

$$(K = 1 \ldots N)$$

Subtrahiert man davon die Ritz'schen Gleichungen (1.012), so erhalten die Bestimmungsgleichungen für die Ansatzparameter in (1.012) die Form

$$\int\limits_{\partial A_a} \left[(\tilde{X}_\nu - \bar{X}_\nu) \, u^{\varphi_K} + (\tilde{Y}_\nu - \bar{Y}_\nu) \, v^{\varphi_K} \right] ds +$$

$$+ \int\limits_{\partial A_i} \left[\tilde{X}_\nu \, u^{\varphi_K} + \tilde{Y}_\nu \, v^{\varphi_K} \right] ds$$

$$+ \iint\limits_{A} \left[(\tilde{X} - \bar{X}) \, u^{\varphi_K} + (\tilde{Y} - \bar{Y}) \, v^{\varphi_K} \right] dA = 0$$

$$(K = 1 \dots N) \qquad\qquad (1.012a)$$

welche die Bedeutung der gestellten Bedingungen sehr anschaulich zeigt: Es handelt sich um Gleichgewichtsbedingungen, welche

- die Widersprüche

$$\tilde{X}_\nu - \bar{X}_\nu$$

zwischen inneren Spannungen und Randkräften

- die Spannungssprünge an den inneren Elementrändern

$$\tilde{X}_\nu$$

- die Widersprüche

$$\tilde{X} - \overline{X}$$

i m   M i t t e l   e i n e r   K o o r d i n a t e n f u n k -
t i o n   ins Gleichgewicht setzen.

Damit ist das genäherte Feld $\tilde{\varphi}$ von (1.011) auch im Gleichgewicht für jeden virtuellen Verschiebungszustand

$$\delta\varphi = \sum_1^N \varphi_K \, \delta b_K \qquad\qquad (1.\text{o}11b)$$

Dagegen sind

- die Gleichgewichtsbedingungen an einem einzelnen
  herausgeschnitten gedachten Element
- die Gleichgewichtsbedingungen an einem "abge-
  schnitten" gedachten Teil des Tragwerks
- das Gleichgewicht zwischen äusserer Belastung und
  inneren Spannungen am Rande

nicht erfüllt, weil die zugeordneten virtuellen Verschiebungszustände nicht die Form (1.011b) haben. Verwendet man
lineare oder quadratische Polynome als Verschiebungsansätze
bei grober Elementteilung, kann das Ungleichgewicht solche
Ausmasse annehmen, dass eine sinnvolle Interpretation der
Spannungen für die Bemessung oder den Spannungsnachweis nicht
mehr möglich ist. Die Kenntnis dieses Tatbestandes zwingt

entweder zu einer sehr feinen Diskretisation oder zur Verwendung von Polynomansätzen höherer Ordnung mit erhöhter Kontinuität in den Knoten [6 - 15]. Dieser zweite Weg ist bei grossflächigen Tragwerken, die eine grobe Elementteilung zulassen, immer der wirtschaftlichere. Die meisten heute (1971) kommerziell verfügbaren Finite-Element-Programme verwenden noch die Elemente mit linearen oder quadratischen Ansätzen. Nicht selten werden die grossen Unstetigkeiten in den Spannungen durch arithmetische Mittelung in den Knoten geglättet. Es lohnt sich in solchen Fällen, auch die ungemittelten Spannungen auszudrucken; im Lichte von (1.012a) sagen sie mehr aus über die erhaltene Näherung als die Mittelwerte.

1.22 Hybride Finite Elemente

Wie zuvor wird das Tragwerk in Elemente aufgeteilt gedacht (Fig. 1.02). Grundlage der Diskretisation sind:

- Verschiebungsansätze

$$\tilde{u}_R = \begin{bmatrix} \tilde{u}(s) \\ \tilde{v}(s) \end{bmatrix} = \sum_1^N u_K q_K \qquad (1.021)$$

für die inneren Elementkanten. Die Ansatzparameter q_K haben die Bedeutung von lokalen Stützwerten in Knoten oder auf Kanten, wobei die Verschiebungen in einem allgemeinen Punkt einer Kante auch hier nur von Stützwerten auf dieser Kante selbst abhängen dürfen.

- Spannungsansätze: Innerhalb jedes Elements
  wird ein Spannungszustand

$$\tilde{\sigma}_E = \begin{bmatrix} \tilde{\sigma}_x(x,y) \\ \tilde{\sigma}_y(x,y) \\ \tilde{\tau}_{xy}(x,y) \end{bmatrix} = \sum_1^M \sigma_K\, b_K + \overline{\sigma}_E \qquad (1.022)$$

definiert, der im Gleichgewicht ist. der
zweite Term rechts erfasst gegebene Spannungen, z.B. Belastungen an freien Elementrändern.

Für die theoretischen Grundlagen der Systemgleichungen sei
auf [4,5] verwiesen, wo auch eine Uebersicht über die Literatur zu diesem Verfahren gegeben wird.

Man erhält einen ersten Satz von Gleichungen

$$\left[\tilde{\sigma}_E, \sigma_K\right] = \left(\tilde{u}_R, \sigma_K\right) \qquad (1.023)$$
$$K = 1,\ldots M$$

welche in jedem Element die M Spannungsparameter b_K in
Funktion von Belastung und Verschiebungsparametern liefern.
Formal stimmt auch diese Gleichung mit der Arbeitsgleichung der Baustatik überein; streng genommen ist aber kei-
ner der Zustände verträglich. Anschaulich sind diese Gleichungen Verträglichkeitsbedingungen zwischen dem Ansatz für
die Randverschiebungen und dem inneren Spannungsfeld des
Elements.

In einem zweiten Satz von Gleichungen werden die Koordinaten-
Verschiebungszustände als virtuelle Hilfszustände eingesetzt:

$$(\tilde{\sigma}, u_K) = 0 \qquad (1.024)$$
$$K = 1, \dots N$$

Hier erfassen die u_K in der Regel mehrere Elemente - alle,
die an die Stützstelle von q_K angrenzen. Um die anschauliche Bedeutung dieser Gleichung zu verstehen, erinnern wir
uns daran, dass der Spannungszustand $\tilde{\sigma}$ stückweise für jedes
Element definiert wurde: (1.022)

Zwischen den Elementen bestehen Spannungssprünge,die durch
(1.024) im Mittel der Verschiebungsansatzfunktionen ins
Gleichgewicht gebracht werden. Auf Grund dieser Eigenschaften
kann über das Gleichgewicht an grob diskretisierten Systemen
folgendes gesagt werden:

- die Gleichgewichtsbedingungen an einzelnen,
  isoliert gedachten Elementen sind - durch den
  Ansatz (1.022) - erfüllt

- die Gleichgewichtsbedingungen an einem "abge-
  schnitten" gedachten Teil des Tragwerks sind nicht
  erfüllt; (1.021) enthält keine nichtpassenden Verschiebungszustände

- das Gleichgewicht zwischen äusserer Belastung und
  inneren Spannungen am Rand wird eingehalten.

Allgemein kann somit von Hybridelementen eine bessere Anpassung an die Bedürfnisse des Bauingenieurs erwartet werden,
als von reinen Deformationselementen. Die bekanntgewordenen
Resultate sind leider nicht im Sinne der hier gestellten
Frage ausgewertet worden.

1.23 Finite Elemente vom Gleichgewichtstyp

Auf Grund der Ueberlegungen der letzten Seiten schien es
sinnvoll, eine Neuentwicklung eines Rechenverfahrens für
Tragwerke des Stahlbaus ganz auf Gleichgewichtsansätze ab-
zustützen, und alle Diskretisationsfehler auf die Verträglichkeitsbedingungen zu legen.

An einfachen Bauteilen - Scheiben, Platten - ist eine solche Lösung mit Hilfe der bekannten Analogien zwischen Verschiebungszustand bzw. Spannungsfunktion der Scheiben einerseits, Spannungsfunktionen und Verschiebungszustand der
Platten andererseits aus den bekannten reinen Deformations-
Elementansätzen zu gewinnen [2]. Anwendungen solcher Elemente sind in [22 - 27] gegeben.

An zusammengesetzten Bauteilen oder Tragwerken entstehen
zusätzliche Schwierigkeiten durch die Uebergangsbedingungen
bei verzweigten Kanten, die sich nicht auf die einfache
Form der Gleichheit von Funktionen (Spannungsfunktionen,
Verschiebungen) an allen angeschlossenen Scheibenrändern
bringen lassen, wie sie für die direkte Deformationsmethode
(und ihre analogen Formen mit Spannungsfunktionen) typisch
ist. In der klassischen Theorie der Faltwerke und in der
Stabstatik wird diese Aufgabe durch Ueberlagerung von "Grund-
system" und "überzähligen" Eigenspannungszuständen gelöst.

Im Rahmen automatischer Verfahren ist es zwar möglich, solche Kraftgruppen automatisch aufzustellen [19,20]; der direkte und mathematisch naheliegendste Weg des Einbezugs der
Gleichgewichtsbedingungen als Lagrange'sche Nebenbedingungen
erweist sich aber rechentechnisch als kürzer und problem-
loser. Dieser Weg ist in der Statik seit langem bekannt [16 - 18].

2. Elemente

Die numerische Behandlung ebener Scheiben durch Diskretisation der Airy'schen Spannungsfunktion zeigt keine Beson-
derheiten, solange die untersuchte Scheibe einfach zusammen-
hängend ist; die Lösung entspricht - infolge der wohlbekann-
ten Dualität zwischen den elastischen Grundgleichungen von
Platte und Scheibe[1] - Schritt für Schritt dem Vorgehen bei
der Untersuchung von Platten mit verträglichen Elementen.
Die Analogie zwischen der Durchbiegungsfunktion der Platte
und der Airy'schen Spannungsfunktion der Scheibe geht zum
Teil verloren bei mehrfach zusammenhängendem Gebiet. Als
Beispiel betrachten wir den geschlossenen Ring von Fig.
(2.01), der innen und oben durch eine Belastungsverteilung

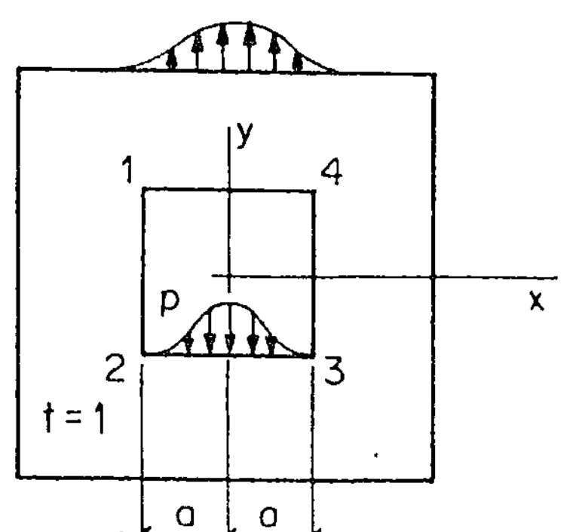

$$F = \int_{2}^{3} p\, dx$$

Fig. 2.01

---

[1] Eine ausführliche Darstellung dieser Beziehungen geben
Veubeke und Zienkiewicz [2]; auch die historische Literatur zu diesem Thema ist dort angegeben.

der Resultierenden F belastet sei. Mit (2.001) ist dann auf
dem inneren Randabschnitt 2 - 3

$$\sigma_y = \frac{\partial^2 \Phi}{\partial x^2} = p \quad ; \quad \tau_{xy} = -\frac{\partial^2 \Phi}{\partial x \partial y} = 0$$

oder

$$F = \frac{\partial \Phi}{\partial x}\bigg|_3 - \frac{\partial \Phi}{\partial x}\bigg|_2$$

während auf allen anderen Randabschnitten die Krümmung und
Verwindung der Spannungsfunktion null sein müssen. Daraus
folgt anschaulich oder mit (2.095), dass

$$\oint_{1,2,3,4} \frac{\partial \Phi}{\partial s}\, ds \neq 0$$

Die Spannungsfunktion kann mit anderen Worten keine stetige
und eindeutige Funktion sein. Diesem Umstand tragen wir
Rechnung, indem wir innerhalb einfach zusammenhängender
Scheibenstücke stetige, eindeutige Spannungsfunktionen an-
setzen, die einen willkürlich gewählten linearen Anteil
haben. Auf den Rändern solcher Scheibenstücke führen wir
Kraftgrössen als Randvariable ein. Da die Beschreibung des
Spannungszustands mit den Stützwerten der Spannungsfunktion
viel weniger Parameter verlangt, als jene durch Kräfte, sollen die Scheibenstücke so gross wie möglich gewählt werden.

Wir betrachten in diesem Abschnitt die Diskretisation der
Spannungsfunktion in allgemeinen Dreieckselementen und den
anschliessenden Aufbau der Scheibenstücke, mit Transformation auf Kraftvariable. Die Darstellung geht darauf aus,
zuerst die mechanisch wesentlichen Dinge möglichst einfach
in kartesischen Koordinaten zu zeigen (2.1 - 2.13). Rechentechnisch werden mit Vorteil andere Systeme verwendet, die
der Geometrie der Elemente angepasst sind. Die wichtigsten
Einzelheiten dazu sind (2.2 - 2.26) zu entnehmen. Schliesslich gehen wir in (2.3) auf die Formulierung der Uebergangsbedingungen bei mehrfachen Scheibenkanten ein, die wir begrifflich als selbständige Elemente behandeln. Die wichtigste
Folge dieser Regelung ist die Abwesenheit eines übergeordneten globalen Koordinatensystems für den weiteren Substrukturaufbau: Alle Elementvariabeln sind "lokal" orientiert (körperfest). Diese Besonderheit ist mit ein Grund
für die rechentechnische Bevorzugung lokaler (schiefer und
homogener) Koordinatensysteme.

2.1 Diskretisation der Spannungen

Ein ebenes, einfach zusammenhängendes, polygonales Scheibenstück von konstanter Dicke t (Fig. 2.02) sei ein Teil eines
Tragwerks aus ebenen Scheiben.

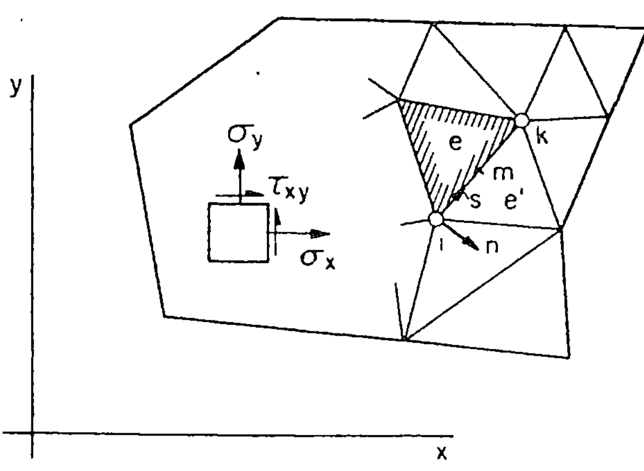

Fig. 2 02

Sein Spannungszustand wird beschrieben durch die Airy'sche
Spannungsfunktion

$$\sigma_x = \frac{\partial^2 \Phi}{\partial y^2} \qquad \sigma_y = \frac{\partial^2 \Phi}{\partial x^2} \qquad \cdot \tau_{xy} = - \frac{\partial^2 \Phi}{\partial x \, \partial y} \qquad (2.001)$$

Zur Diskretisation dieser Funktion denken wir uns das Scheibenstück in allgemeine Dreiecke aufgeteilt (Fig. 2.02). In
jedem dreieckigen Element nähern wir die Spannungsfunktion
durch ein vollständiges Polynom 5. Grades an:

$$\widetilde{\Phi}_e = \sum_{(21)} q_{JL} \, x^J \, y^L \qquad 0 \le J + L \le 5$$

$$= \underset{(1*21)}{\xi_e} \; \underset{(21*1)}{q_e} \qquad\qquad\qquad (2.002)$$

Als Stützwerte für die diskretisierte Spannungsfunktion in
einem Knoten i dienen die 6 Werte von Funktion, ersten und
zweiten Ableitungen:

$$\widetilde{\Phi}_i \, , \; \frac{\partial \widetilde{\Phi}}{\partial x}\bigg|_i \, , \; \frac{\partial \widetilde{\Phi}}{\partial y}\bigg|_i \, , \; \frac{\partial^2 \widetilde{\Phi}}{\partial x^2}\bigg|_i \, , \; \frac{\partial^2 \widetilde{\Phi}}{\partial y^2}\bigg|_i \, , \; \frac{\partial^2 \widetilde{\Phi}}{\partial x \partial y}\bigg|_i$$

dazu kommen die Normalableitungen

$$\frac{\partial \widetilde{\Phi}}{\partial n}\bigg|_m \qquad\qquad\qquad (2.003)$$

in den Seitenmitten. Wir ordnen diese Stützwerte für das
Element e in die Spalte

$$p_e \atop (21*1) = \left\{ \tilde{\Phi}_1, \tilde{\Phi}_{1x}, \tilde{\Phi}_{1y}, \tilde{\Phi}_{1xx}, \tilde{\Phi}_{1xy}, \tilde{\Phi}_{1yy}, \tilde{\Phi}_{12n}, \tilde{\Phi}_2, \dots \tilde{\Phi}_{31n} \right\} \qquad (2.004)$$

Die lineare Beziehung zwischen diesen neuen Variablen und
den Polynomkoeffizienten q_e kann mit Hilfe von (2.002)
sofort in Funktion der speziellen Dreiecksgeometrie angeschrieben werden:

$$p_e = B_e \atop (21*21) \, q_e \qquad (2.005)$$

Wie wir sehen werden, ist die Matrix B_e für alle nichtaus-
gearteten Dreiecksformen regulär. Man könnte durch Inversion
die Interpolationsgleichungen

$$\tilde{\Phi}_e = \xi_e \, B_e^{-1} \, p_e = \beta_e \, p_e \atop (1*21) \qquad (2.006)$$

gewinnen. Rechentechnisch ist es besser, diese Inversion
durch direkte Formulierung der Interpolationsmatrix in einem
geeigneten Koordinatensystem zu umgehen. Wir zeigen diese
Technik im Abschnitt (2.24)

Auf Grund der getroffenen Annahmen ist das diskretisierte
Spannungsfeld überall im Gleichgewicht. Im Innern der Elemente folgt dies direkt aus der Definition der Spannungsfunktion; längs den Elementkanten folgt auf Grund der gemeinsamen Stützwerte:

- Die Funktion $\widetilde{\Phi}(s)$ längs der Kante ik (Fig. 2.02) ist 5. Grades in s . Sie ist durch die 6 Werte

$$\widetilde{\Phi}_i \;,\; \widetilde{\Phi}_k \;,\; \left.\frac{\partial \widetilde{\Phi}}{\partial s}\right|_i \;,\; \left.\frac{\partial \widetilde{\Phi}}{\partial s}\right|_k \;,\; \left.\frac{\partial^2 \widetilde{\Phi}}{\partial s^2}\right|_i \;,\; \left.\frac{\partial^2 \widetilde{\Phi}}{\partial s^2}\right|_k$$

bestimmt und damit an beiden Rändern des Schnittes identisch. Daraus folgt die Gleichheit der Normalspannungen

$$\widetilde{\sigma}_n(s) = \frac{\partial^2 \widetilde{\Phi}}{\partial s^2}$$

in jedem Punkt der gemeinsamen Kante zwischen den Elementen e und $\bar{e}$.

- Die Normalableitung $\frac{\partial \widetilde{\Phi}}{\partial n}(s)$ längs der Kante ik ist 4. Grades in s . Sie ist durch die 5 Werte

$$\left.\frac{\partial \widetilde{\Phi}}{\partial n}\right|_i \;,\; \left.\frac{\partial \widetilde{\Phi}}{\partial n}\right|_k \;,\; \left.\frac{\partial \widetilde{\Phi}}{\partial n}\right|_m \;,\; \left.\frac{\partial \widetilde{\Phi}}{\partial n \partial s}\right|_i \;,\; \left.\frac{\partial \widetilde{\Phi}}{\partial n \partial s}\right|_k$$

bestimmt und damit an beiden Rändern des Schnitts identisch. Daraus folgt die Gleichheit der Schubspannungen

$$\widetilde{\tau}_{ns}(s) = + \frac{\partial^2 \widetilde{\Phi}}{\partial n \partial s} \qquad (1)$$

in jedem Punkt der gemeinsamen Kante zwischen den Elementen e und $\bar{e}$.

---

(1) Wir definieren $\widetilde{\tau}_{ns}$ gegenläufig zur Randkoordinate; deshalb ist hier das positive Vorzeichen anzubringen.

Im Sinne der Dualität zwischen Scheibe und Platte entspricht
dieses Scheibenelement einem verträglichen Element für Platten-
biegung, welches seit 1968 in der Literatur ausgiebig behandelt worden ist [6 - 14]. Zlamal [9] hat gezeigt, dass die
Approximationsordnung dieses Ansatzes für Randwertprobleme
4. Ordnung 4 ist:

$$\max_{(T)} \left| \Phi - \tilde{\Phi} \right| \leq \frac{C}{\sin^2 \nu} \, M_6 \, h^4 \qquad (2.008)$$

Darin bedeuten:

C eine Konstante, die von der Elementteilung unabhängig ist.

h, ν längste Seite und kleinster Innenwinkel der
Elemente in der Substruktur T.

M_6 maximaler Wert der 6. Ableitung von Φ in T.

Diese Ungleichung gestattet einen Vergleich der Konvergenz-
geschwindigkeit mit jener anderer numerischer Verfahren.
Man beachte bei solchen Vergleichen, dass eine globale Ein-
schrankung dieser Art n i c h t mit dem lokalen Fehler verglichen werden darf, der z.B. aus dem Restglied einer Taylor-
Entwicklung folgt. Nach [3] ist die Approximationsordnung eines Differenzenverfahrens mit einem Taylorreihen-Restglied
der Ordnung K gegeben durch

$$\max_{(T)} \left| \tilde{\Phi} - \Phi \right| \leq Ch^{K-P}$$

P ist die Ordnung der Differentialgleichung oder des Operators,
und C ist unabhängig von der Maschenweite h.

Die Wahl eines Elementansatzes der relativ hohen Fehlerordnung 4 hat nicht den Sinn, unnötig hohe Genauigkeit zu erzielen. Vielmehr erlauben solche Elemente bei gegebenen Präzi-
sionsansprüchen eine viel gröbere Diskretisation als die heute verbreiteten Verfahren der Fehlerordnungen 0 bis 2. Solange
nicht Geometrie und Querschnittsverlauf eine feine Teilung
diktieren - was in den Verhältnissen des Bauwesens selten
der Fall ist - lässt sich auf diese Weise viel Rechenaufwand
einsparen.

Aus den Interpolationsgleichungen (2.006) erhält man die
Spannungen

$$\underset{(3*1)}{\tilde{\sigma}_e} = \begin{bmatrix} \partial^2/\partial y^2 \\ \partial^2/\partial x^2 \\ -\partial^2/\partial x\,\partial y \end{bmatrix} \beta_e\, p_e = \nabla\underset{(3*21)}{\beta_e}\, p_e \qquad (2.009)$$

Die 21 Stützwerte an einem Element e sind der Spalte der
Stützwerte an der Substruktur zu entnehmen. Formal schreibt
man diese Zuordnung in üblicher Weise

$$\underset{(21*1)}{p_e} = \underset{(21*N_T)}{a_e}\ \underset{(N_T*1)}{p_T} \qquad (2.010)$$

Der Beitrag der Substruktur zur (komplementären) Energie des
Tragwerks ist

$$\Delta\tilde{\pi}_T = \frac{1}{2}\iint_T \tilde{\sigma}^t\ \underset{(3*3)}{E^{-1}}\ \tilde{\sigma}\ dA \qquad (2.011)$$

$$= \frac{1}{2}\, p_T^t\, F_T\, p_T$$

mit

$$F_T = \dagger \sum_{(e)} a_e^t \left[\iint_e \nabla \beta_e^t \, E^{-1} \nabla \beta_e \, dA \right] a_e$$

der Flexibiltätsmatrix der Substruktur in den Variablen p_T.
Diese Matrix ist singulär und hat den Rangabfall 3: Jede
lineare Funktion Φ über die ganze Substruktur liefert

$$\Delta \widetilde{\pi}_T \equiv 0$$

Wir können den linearen Anteil von $\widetilde{\Phi}$ willkürlich mit

$$\widetilde{\Phi} = 0 \quad \left. \frac{\partial \widetilde{\Phi}}{\partial x} \right|_j = 0 \quad \left. \frac{\partial \widetilde{\Phi}}{\partial y} \right|_j = 0$$

in einem Punkt j festlegen, ohne den Spannungszustand zu
beeinflussen. Denken wir uns jetzt die Spalte der Substruk-
turvariablen nach isolierten Inneren und Aeusseren geordnet:

$$p_T = \left\{ \underset{(N_i * 1)}{p_i} , \underset{(N_s * 1)}{p_s} \right\} \tag{2.012}$$

so ist mit 6 Variablen pro Ecke und einer Variablen pro
Kante an einer Substruktur mit M Polygonecken[1]

$$N_T = 7M - 3 \tag{2.013}$$

---

[1] Hier ist vorausgesetzt, dass alle Polygonecken Innenwinkel
$\neq \pi$ haben. Ueber Netzpunkte an geradlinigen Kanten siehe
2.26.

Entsprechend den Ausführungen des Abschnitts (3) können wir
die inneren, isolierten Variablen schon auf der Substrukturstufe auf Grund von

$$\Delta \widetilde{\pi}_T = \text{stationär} \ (p_s = \text{const})$$

eliminieren und den Beitrag zur Energie auf die Form

$$\Delta \widetilde{\pi}_s = \frac{1}{2} \ p_s^t \ \underset{(N_s * N_s)}{F_s} \ p_s \tag{2.014}$$

bringen. Im Hinblick auf die Verwendung des Scheibenstücks
in räumlicher Verbindung mit anderen Scheiben ist es erforderlich, die Randwerte p_s durch Kraftgrössen auszudrücken.
Grundlage dieser Transformation sind die folgenden Definitionen (Fig. 2.04) für die Schnittkräfte an der Kante

$$F_{ik} = t \int_i^k \widetilde{\sigma}_n \ ds$$

$$B_{ik} = t \int_i^k \widetilde{\sigma}_n \ (s - \frac{l_{ik}}{2}) \ ds \tag{2.015}$$

$$Q_{im} = t \int_i^m \widetilde{\tau}_s \ ds \qquad Q_{mk} = t \int_m^k \widetilde{\tau}_s \ ds$$

und für die Spannungsflüsse an den Ecken

$$(t\,\sigma_{ik}),\,(t\,\sigma_{ki}),\,(t\,\tau_{ik}),\,(t\,\tau_{ki}) \qquad (2.016)$$

Diese äusseren Kraftvariablen ordnen wir in der Spalte

$$p_E = \left\{ (t\,\sigma_{12}),\,(t\,\tau_{12}),\,F_{12},\,B_{12},\,Q_{1m},\,Q_{m2}, \right. \qquad (2.017)$$
$$\left. (t\,\sigma_{21}),\,(t\,\tau_{21}),\,\ldots\ldots\,(t\,\sigma_{1M}),\,(t\,\tau_{1M}) \right\}$$

Normal- und Schubspannungen $\tilde{\sigma}_n,\tilde{\tau}_s$ am Rande sind nach (2.001) und (2.002) kubische Funktionen der Randkoordinate ; aus den Definitionen (2.015) und (2.016) erhält man nach kurzer Zwischenrechnung die Spannungsformeln

$$\tilde{\sigma}_n(\xi) = \sigma_{ik}\,h_\sigma(\xi) + \sigma_{ki}\,h_\sigma(1-\xi) +$$
$$+ \frac{6\,F_{ik}}{t\,l_{ik}}\,h_F(\xi) + \frac{6\,B_{ik}}{t\,l_{ik}^2}\,h_B(\xi)$$

$$(2.018)$$

$$\tilde{\tau}_s(\xi) = \tau_{ik}\,h_\tau(\xi) + \tau_{ki}\,h_\tau(1-\xi) +$$
$$+ \frac{2\,Q_{im}}{t\,l_{ik}}\,h_Q(\xi) + \frac{2\,Q_{mk}}{t\,l_{ik}}\,h_Q(1-\xi)$$

für die allgemeinen Punkte der Kante, mit

$$\xi = \frac{s}{l_{ik}}$$

und den Hilfsfunktionen (Fig. 2.06)

$$h_\sigma = 1 - 9\xi + 18\xi^2 - 10\xi^3$$
$$h_F = \xi - \xi^2$$
$$h_B = -10\xi + 30\xi^2 - 20\xi^3$$
$$h_T = 1 - 8\xi + 15\xi^2 - 8\xi^3$$
$$h_Q = 11\xi - 27\xi^2 + 16\xi^3$$

In den Beispielen werden wir in der Regel den Schubspannungs-
verlauf quadratisch voraussetzen; Vergleichsrechnungen zeigen,
dass die Genauigkeitseinbusse infolge dieser Vereinfachung
unbedeutend ist (4.1; siehe auch [7]). Dann gilt für die
Schubspannung

$$\tilde{\tau}(s) = \tau_{ik}\, h_\tau^\square(\xi) + \tau_{ki}\, h_\tau^\square(1-\xi) + \frac{6\,Q_{ik}}{t\,l_{ik}}\, h_Q^\square(\xi) \tag{2.018a}$$

mit

$$h_\tau^\square = 1 - 4\xi + 3\xi^2$$
$$h_Q^\square = \xi - \xi^2$$

wo Q_{ik} jetzt die Querkraft an der ganzen Seite bezeichnet.

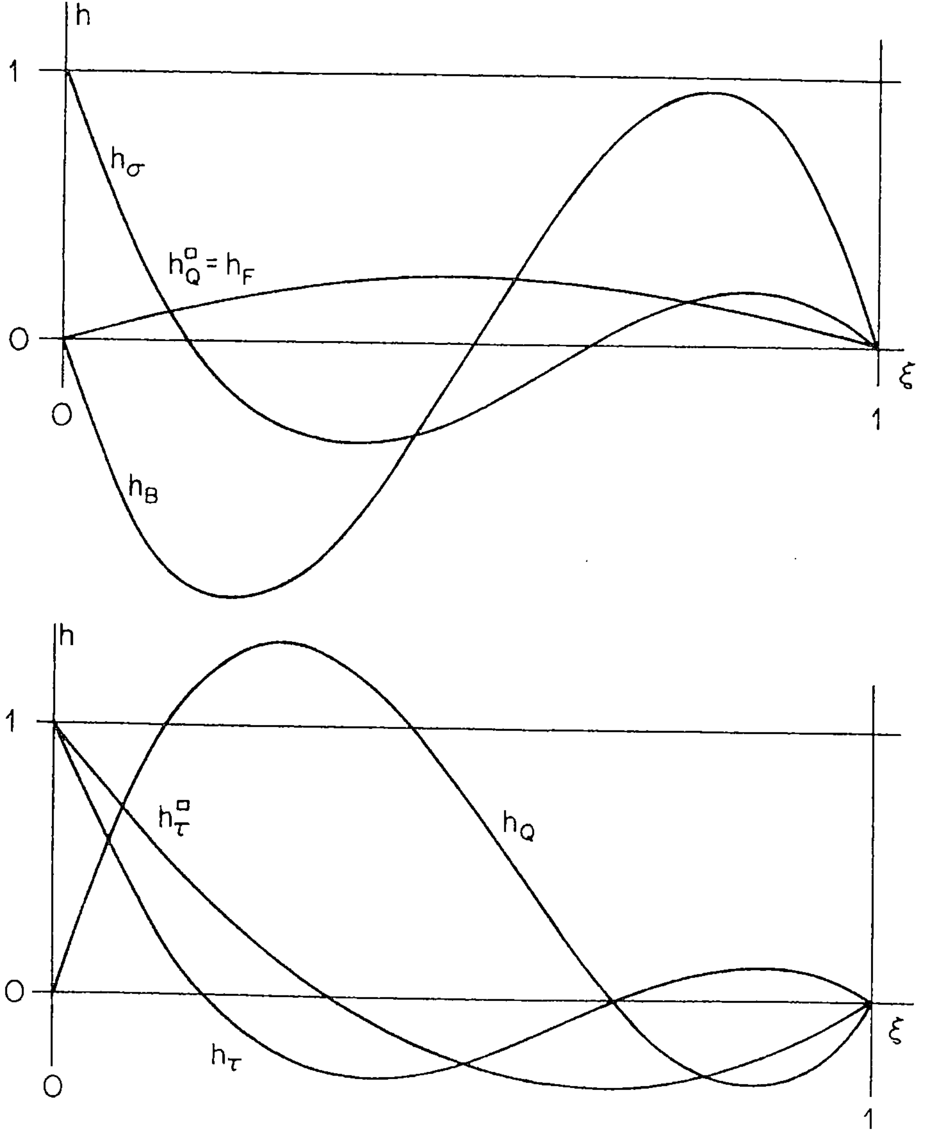

Fig. 2.06

Während die diskretisierte Airy'sche Spannungsfunktion Φ ihrer Definition nach ein Spannungsfeld im Gleichgewicht aufspannt, bilden die Kraftgrössen (2.015), (2.016) an den Rändern der Substruktur nicht automatisch eine Gleichgewichtsgruppe; zwischen ihnen sind die 3 Gleichgewichtsbedingungen der Ebene einzuhalten, sowie an jeder äusseren Ecke eine lokale Gleichgewichtsbedingung zwischen den 4 angeschlossenen Spannungen (Fig. 2.05). Aus einer Momentenbedingung an einem parallelogrammförmigen Eckelement erhält man

$$(\sigma_{jk} - \sigma_{ji}) \cos \alpha_j - (\tau_{jk} + \tau_{ji}) \sin \alpha_j = 0 \qquad (2.019)$$

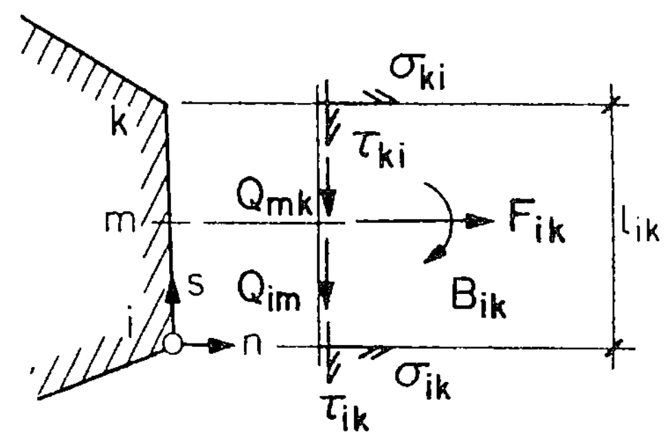

Fig. 2.04

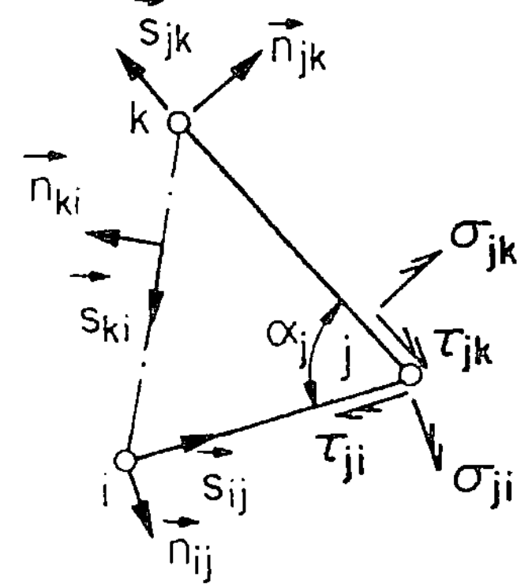

Fig. 2.05

Formal sind die Randvariablen der Substruktur lineare Funktionen der äusseren Kraftvariabeln:

$$p_S = C_S \; p_E$$
$$(N_S * 8M)$$

(2.020)

wobei zwischen diesen 3 globale und M lokale Gleichgewichtsbedingungen (2.019) eingehalten werden müssen:

$$G_E \; p_E = O$$
$$((M+3)*8M)$$

(2.021)

Bei der späteren Bildung des Energieminimums am Tragwerk (oder an einer übergeordneten Substruktur) wird man diese Gleichungen als Nebenbedingungen zu berücksichtigen haben. Diese Aufgabe lösen wir mit Hilfe eines Satzes von (M+3) Lagrange'schen Multiplikatoren

$$u_E$$
$$(M+3)*1$$

Der Beitrag des Scheibenstücks zu einer entsprechend erweiterten quadratischen Form der Energie ist dann

$$\Delta \widetilde{\pi}_E^* = \frac{1}{2} p_E^t \; F_E \; p_E + p_E^t \; G_E^t \; u_E$$

(2.022)

mit

$$F_E = C_S^t \; F_S \; C_S$$
$$(8M*8M) \qquad (N_S*N_S)$$

Eine direkte Herleitung der Kraftverbindungsmatrix (2.020)
und der Gleichgewichtsbedingungen (2.021) geben wir in (2.2)
an.

2.11 Die Verschiebungen

Die d i s k r e t e n Verschiebungsgrössen des Scheibenstücks sind mit (2.022) zu definieren als

$$v_E = F_E \, p_E + G_E^t \, u_E \qquad (2.023)$$

umgekehrt erhält man durch Integration

$$\Delta \widetilde{\pi}_E^* = \int_0^{v_E} p_E^t \, \delta v_E \qquad (2.022a)$$

wieder (2.022). Ein Verschiebungsfeld zu unserem Spannungsan-
satz existiert im Allgemeinen nicht, weil dieser nicht inte-
grierbar ist. Eine anschauliche Vorstellung von der Bedeutung
der diskreten Verschiebungsgrössen gewinnt man an Spezial-
fällen mit integrierbaren Spannungen. Bildet man hier den Integranden in (2.022a) als Randarbeit der Spannungen infolge
p_E mit dem Inkrement des Verschiebungsfeldes, so ist mit
den Hilfsfunktionen (2.018)

$$p_E^t \, \delta v_E = \sum_{1}^{M-1}{}_k \int_k^{k+1} \left\{ \left(t\sigma_{k,k+1} \, h_\sigma(\xi) + t\sigma_{k+1,k} \, h_\sigma(1-\xi) \right. \right.$$

$$+ F_{k,k+1} \frac{6 h_F(\xi)}{l_{k,k+1}} + B_{k,k+1} \frac{6 h_B(\xi)}{l_{k,k+1}^2} \right) \delta v_n(s)$$

$$+ \left(t\tau_{k,k+1} \, h_\tau(\xi) + t\tau_{k+1,k} \, h_\tau(1-\xi) \right.$$

$$\left. \left. + Q_{k,m} \frac{2 h_Q(\xi)}{l_{k,k+1}} + Q_{m,k+1} \frac{2 h_Q(1-\xi)}{l_{k,k+1}} \right) \delta u_s(s) \right\} ds$$

Die Gleichung muss für alle Werte von p_E identisch erfüllt sein; die Komponenten von v_E an der Seite $k,k+1$ sind deshalb

$$v_\sigma^{k,k+1} = \int_k^{k+1} h_\sigma \, v_n \, ds \qquad v_\sigma^{k+1,k} = \int_k^{k+1} h_\sigma (1-\xi) \, v_n \, ds$$

$$v_F^{k,k+1} = \frac{6}{l_{k,k+1}} \int_k^{k+1} h_F \, v_n \, ds \qquad v_B^{k,k+1} = \frac{6}{l_{k,k+1}^2} \int_k^{k+1} h_B \, v_n \, ds$$

$$v_\tau^{k,k+1} = \int_k^{k+1} h_\tau \, v_s \, ds \qquad v_\tau^{k+1,k} = \int_k^{k+1} h_\tau (1-\xi) \, v_s \, ds \qquad (2.024)$$

$$v_Q^{k,m} = \frac{2}{l_{k,k+1}} \int_k^{k+1} h_Q (\xi) \, v_s \, ds$$

$$v_Q^{m,k+1} = \frac{2}{l_{k,k+1}} \int_k^{k+1} h_Q (1-\xi) \, v_s \, ds$$

Im allgemeinen Fall existieren die Integranden dieser Mittelwerte nicht. Trotzdem wird man die Verschiebungsgrössen (2.023) im Sinne dieser Ausdrücke interpretieren, weil sie i n d e r G r e n z e gegen die entsprechenden Mittelwerte der exakten Lösung streben.

Statt die Energie nach ihrer Diskretisation durch Lagrange'sche Multiplikatoren zu ergänzen, kann man (2.022) direkt aus einem allgemeineren Variationsprinzip der Elastomechanik ableiten.

Dieses Vorgehen vermittelt mehr Einsicht in die mechanische
Bedeutung der Multiplikatoren und zeigt auch, wie ein Gleichgewichtsansatz mit D e f o r m a t i o n s m e t h o d e
behandelt werden kann. Ausgangspunkt ist das Hellinger-
Reissner'sche Variationsprinzip [28] , für ebenen Spannungszustand ohne Volumkräfte in der Form:

$$
\begin{aligned}
-\pi_R = {} & + \left[\int_A \left\{ B\left(\sigma_x, \sigma_y, \tau_{xy}\right) + \right. \right. \\
& \left. + \left(\frac{\partial \sigma_x}{\partial x} + \frac{\partial \tau_{xy}}{\partial y} \right) u + \left(\frac{\partial \tau_{xy}}{\partial x} + \frac{\partial \sigma_y}{\partial y} \right) v \right\} dA \\
& - \int_{S1} \left\{ \left(\sigma_n - \bar{\sigma}_n\right) u_n + \left(\tau_s - \bar{\tau}_s \right) u_s \right\} ds \\
& \left. - \int_{S2} \left\{ \sigma_n \, \bar{u}_n + \tau_s \, \bar{u}_s \right\} ds \right]
\end{aligned}
$$

$$(2.025)$$

Darin bezeichnen $\bar{\sigma}_n , \bar{\tau}_s$ vorgeschriebene Randspannungen und
$\bar{u}_n , \bar{u}_s$ gegebene Randverschiebungen. Die Spannungen $\sigma_x, \sigma_y, \tau_{xy}$
und die Verschiebungen u, v sind unabhängig und ohne Neben-
bedingungen zu variieren. Die spezifische komplementäre Formänderungsenergie B stimmt in unserem Fall mit der Formänderungsenergie überein und ist

$$
B = \frac{1}{2} \sigma^t \underset{(3*3)}{E^{-1}} \sigma
$$

womit die Materialgleichungen vorausgesetzt werden; die Gleichgewichtsbedingungen und Verträglichkeitsbedingungen sind in
(2.025) enthalten, wie man aus der ersten Variation des Funktionals sieht.

Wir machen folgende speziellen Voraussetzungen über die
unabhängigen Felder:

- Die Spannungen $\sigma_x \ldots$ sind innerhalb jeder Substruktur im
  Gleichgewicht; durch die Ränder der Substrukturen sind
  Spannungssprünge im Ansatz vorerst zugelassen.
- Die Verschiebungen gehen stetig durch die Ränder der
  Substrukturen.

Das Integral des zweiten und dritten Terms unter dem Flächen-
integral von (2.025) ist unter diesen Voraussetzungen auf den
Rändern zwischen Substrukturen nicht definiert. Wir schreiben
diese Terme für die unmittelbare Nachbarschaft $n = \pm \epsilon$ eines inneren Kantenabschnitts i,k in der Form

$$+ \int_i^k \left[\int_{-\epsilon}^{+\epsilon} \left\{ \left(\frac{\partial \sigma_n}{\partial n} + \frac{\partial \tau_s}{\partial s} \right) u_n + \left(\frac{\partial \tau_s}{\partial n} + \frac{\partial \sigma_s}{\partial s} \right) u_s \right\} \, dn \right] ds$$

wo n,s das lokale Koordinatensystem normal und parallel der Kante
bezeichnet. Partielle Integration in der Normalrichtung liefert

$$+ \int_i^k \left[\left(\sigma_n \, u_n + \int \frac{\partial \tau_s}{\partial s} \, dn \, u_n \right) \Big|_{-\epsilon}^{+\epsilon} - \int_{-\epsilon}^{+\epsilon} \left(\sigma_n \frac{\partial u_n}{\partial n} + \int \frac{\partial \tau_s}{\partial s} \, dn \frac{\partial u_n}{\partial n} \right) dn + \right.$$
$$+ \left(\tau_s \, u_s + \int \frac{\partial \sigma_s}{\partial s} \, dn \, u_s \right) \Big|_{-\epsilon}^{+\epsilon} -$$
$$\left. - \int_{-\epsilon}^{+\epsilon} \left(\tau_s \frac{\partial u_s}{\partial n} + \int \frac{\partial \sigma_s}{\partial s} \, dn \frac{\partial u_s}{\partial n} \right) dn \right] ds$$

und für $\epsilon \rightarrow 0$ verbleibt ein Beitrag

$$+ \int_i^k \left(-\sigma_n^- \, u_n + \sigma_n^+ \, u_n - \tau_s^- \, u_s + \tau_s^+ \, u_s \right) ds$$

wo die hochgestellten Vorzeichen den Schnittrand bezeichnen. Inte-
griert man über das Innere und die inneren Ränder ∂S_i der be-
teiligten Substrukturen S , so lässt sich (2.025) damit für

unseren Fall definieren als

$$-\pi_R^* = \sum_S \left\{ t \left[\int_{S_i} \sigma^t \, E^{-1} \, \sigma \; dA - \right. \right.$$

$$-\int_{\partial S_i + \partial S_1} (\sigma_n \, u_n + \tau_s \, u_s) \, ds + \int_{\partial S1} (\bar{\sigma}_n \, u_n + \bar{\tau}_s \, u_s) \, ds$$

$$\left. \left. -\int_{\partial S_2} (\sigma_n \, \bar{u}_n + \tau_s \, \bar{u}_s) \, ds \right] \right\} = \text{stationär} \qquad (2.030)$$

Dieses Prinzip ist von Pian und Tong als Erweiterung des Prinzips vom Minimum der komplementären Energie angegeben worden; [5]. Durch geeignete Diskretisation des unabhängigen Verschiebungsfeldes wäre es möglich, nun auf der Substrukturstufe zu Hybridelementen überzugehen. Soll dagegen der Gleichgewichtscharakter des Ansatzes beibehalten werden, können die Definitionen (2.024) für die Diskretisation der Randintegrale in (2.030) dienen. Die vorgeschriebenen Spannungen auf ∂S_1 müssen die spezielle Form (2.018) haben; gegebene Verschiebungen auf ∂S_2 können ohne solche Einschränkungen berücksichtigt werden, in der Regel wird jedoch die Vorschreibung diskreter Verschiebungsgrössen auch hier genügen. Mit (2.014) und den Definitionen (2.024) kann der Beitrag einer Substruktur zu (2.030) dann in der Form

$$-\Delta \pi_S^* = \frac{1}{2} p_S^t \, F_S \, p_S - p_E^t \, v_E + \bar{p}_E^t \, v_E \qquad (2.031)$$

angeschrieben werden. Der Satz von Verschiebungen v_E enthält vorerst auch Verschiebungen, denen später feste Werte zugewiesen werden sollen. Zwischen den äusseren Kraftvariablen p_E und den Stützwerten p_S der Spannungsfunktion auf dem Rand der Substruktur besteht auf Grund der Definitionen (2.015), (2.016) eine lineare Beziehung

$$p_E = D_S\ p_S \qquad (2.032)$$
$$\scriptstyle (8M * N_S)$$

(2.020) und (2.021) könnten daraus durch Teilinversion erhalten werden; man hat

$$C_S\ D_S = I \atop \scriptstyle (N_S * N_S)$$

$$G_E\ D_S = O \atop \scriptstyle ((M+3) * N_S)$$

$$(2.033)$$

Einsetzen von (2.032) in (2.031) und Ableitung nach den Variablen p_S bei festgehaltenem v_E liefert

$$D_S^t\ v_E = F_S\ p_S = v_S \qquad (2.034)$$
$$\scriptstyle (N_S * 1)$$

Die so definierten Verschiebungsgrössen v_S sind anschaulich die Amplituden der Verschiebungen zu den Eigenspannungszuständen p_S . Mit (2.022) und (2.033) folgt dann aus (2.023)

$$v_E = C_S^t\ v_S + G_E^t\ u_E \qquad (2.035)$$

Bildet man hier die virtuelle Arbeit

$$p_E^t\ v_E = p_S^t\ v_S + (p_E^t\ G_E^t)\ u_E \qquad (2.036)$$

so leisten die Lagrange'schen Multiplikatoren nur mit Kräften
Arbeit, welche die 3 globalen und M lokalen Gleichgewichtsbedingungen (2.019) verletzen. Daraus folgt die anschauliche Bedeutung der Multiplikatoren; u_E enthält, für das diskrete System,

- 3 Starrkörperverschiebungen der Substrukturen in ihrer
  Ebene
- M lokale Rotationen der Ecken der Substruktur.

Die Verschiebungsvariablen v_E sind den Kraftgrössen p_E von
(2.015) und (2.016) zugeordnet. Grundsätzlich wären sie für
eine Behandlung des diskreten Systems nach der D e f o r m a -
t i o n s m e t h o d e geeignet: aus (2.034) folgt

$$p_S = F_S^{-1} D_S^t v_E \qquad (2.037)$$

Die Flexibilitätsmatrix F_S ist regulär, denn der lineare Anteil der Spannungsfunktion über die Substruktur wurde unter-
drückt. Damit transformiert man den Beitrag der Substruktur zur
Energie auf die Form

$$\Delta \pi_S^* = v_E^t K_E v_E - v_E^t \bar{p}_E \qquad (2.038)$$

mit der Steifigkeitsmatrix

$$K_E = D_S F_S^{-1} D_S^t \qquad (2.039)$$

Dieses Vorgehen ist in anderem Zusammenhang von Veubeke und
Sanders angewendet worden: [22,25,27] . Der Gleichgewichtscharakter des Ansatzes bleibt erhalten, denn die Deformationsgleichun-
gen der übergeordneten Struktureinheit sind Gleichgewichtsbedingungen für die Kräfte p_E der Substrukturen, und diese Kräfte
legen den Spannungsverlauf an deren Rändern eindeutig fest.
Die Steifigkeitsmatrix (2.039) hat einen Rangabfall (M+3), entsprechend den kinematischen Freiheitsgraden u_E in (2.035). Soweit
es sich um die 3 Starrkörperverschiebungen handelt, ist dieser
Rangabfall keine Besonderheit; dagegen können die M lokalen
Rotationen Anlass zu einem labilen System mit singulärer Matrix
geben.

An einer einzelnen Ecke einer Substruktur(Fig. 2.05)folgt aus (2.019)
und der Symmetrie der Steifigkeitsmatrix (2.039), dass eine Verschiebung mit

$$
\begin{aligned}
V_{\sigma k} &= \omega_j \cos \alpha_j \\
V_{\sigma i} &= -\omega_j \cos \alpha_j \\
V_{\tau k} &= -\omega_j \sin \alpha_j \\
V_{\tau i} &= -\omega_j \sin \alpha_j
\end{aligned}
\tag{2.040}
$$

und allen übrigen Komponenten von v_E vom Wert 0 zwangslos vor
sich geht.

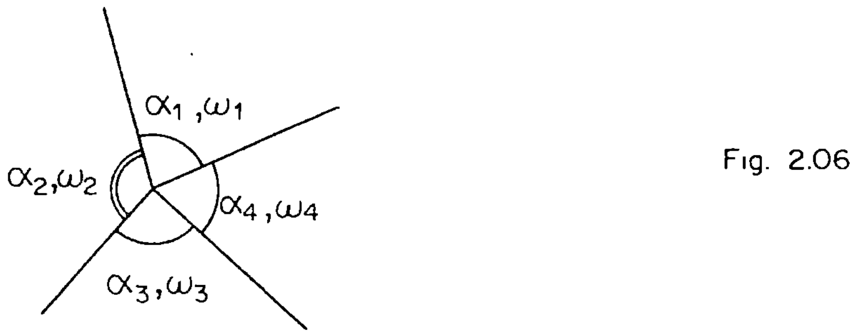

Fig. 2.06

An einem Knotenpunkt mit N angeschlossenen Substrukturecken in
einer Ebene (Fig. 2.06)· gewinnt man durch Identifikation anliegen-
der Verschiebungen (2.040) unter Beachtung der Vorzeichen die
Gleichungen

$$\omega_i \; \cos \alpha_i = \omega_{i+1} \; \cos \alpha_{i+1}$$
$$\omega_i \; \sin \alpha_i = - \omega_{i+1} \; \sin \alpha_{i+1} \qquad (2.041)$$
$$i = 1 \dots N$$
$$i+1 = 2 .. N, 1$$

oder, wenn $\omega_i \neq 0$

$$\frac{\omega_{i+1}}{\omega_i} = \frac{\cos \alpha}{\cos \alpha_{i+1}} = - \frac{\sin \alpha_i}{\sin \alpha_{i+1}}$$

Aus der zweiten Gleichung folgt

$$\sin(\alpha_i + \alpha_{i+1}) = 0$$

Dies zeigt, dass Anordnungen mit vier rechten Winkeln in einer
Ebene einen kinematischen Freiheitsgrad besitzen.
An einer Pyramidenspitze im Raum gelangen nur die Gleichungen der
zweiten Zeile von (2.041) zur Anwendung, welche den Verschiebungen parallel den Kanten zugeordnet sind; jede solche Anordnung besitzt mit

$$\omega_i = \pm \frac{c}{\sin \alpha_i}$$

einen kinematischen Freiheitsgrad.

Auch die Formulierung (2.022) mit Kräften als Hauptvariable
führt zu linear abhängigen Gleichungen und unbestimmten Multiplikatoren, sofern (2.019) für alle Substrukturecken um einen
Knoten in das Gleichungssystem einbezogen wird und z.B. lauter
rechte Winkel vorliegen oder die Normalspannungen null gesetzt
sind. Die Abhängigkeit ist hier sehr einfach zu isolieren, denn
die Koeffizienten von ω_j in (2.040) erscheinen in den Spalten
von G_E^t in (2.035), und der zugeordnete Multiplikator aus u_E
ist ω_j . Um lineare Abhängigkeit zu vermeiden, genügt es,
überschüssige Multiplikatorgleichungen und ihre Multiplikatoren auszuscheiden. Formal entspricht dies der Zuweisung des Werts O
an den Multiplikator; in Abwesenheit gegebener äusserer Belastungen, welche (2.019) verletzen, ist die Multiplikatorgleichung
dann - wegen ihrer linearen Abhängigkeit - erfüllt und entfällt. Die manuelle Erkennung und Ausscheidung überschüssiger
Multiplikatorvariablen ist möglich, aber sie behindert bei grossen
Systemen die Automatisierung des Verfahrens. Im Abschnitt 3
dieser Arbeit wird gezeigt, wie die Ausscheidung solcher Multiplikatoren in den Ablauf der Gauss'schen Elimination einbezogen
und automatisiert werden kann.

Das Vorgehen hat sich an den Beispielen des vierten Abschnitts
als so zuverlässig erwiesen, dass es auch bei Deformationsmethode mit Aussicht auf Erfolg verwendet werden könnte. Praktisch
wird man dabei jene lokalen Verschiebungsgrössen null setzen,
welche im Eliminationsprozess als abhängig hervortreten. Diese
Lösung unterscheidet sich von jener aus Kraftmethode nur in den
Verschiebungen zu Kraftgrössen, welche statisch äquivalent Null
sind: die unbestimmten Rotationen ω_j in (2.040) erhalten andere
Werte zugewiesen. Auch hier zeigt das Verschwinden der Belastungs-
glieder in den - durch Abhängigkeit - ausgelöschten Eliminationsgleichungen das Gleichgewicht der angebrachten Belastungen
im Sinne von (2.019) an.

2.12 Ueberkontinuität

Es ist praktisch zweckmässig, möglichst grosse Bereiche des
Tragwerks auf Grund des Ansatzes für die Spannungsfunktion
(2.002) ohne Einführung von Kraftvariablen zu behandeln.
Pro Knoten des Elementnetzes (Fig. 2.02) hat man dabei mit
6 Variablen zu rechnen; dazu kommt eine weitere Variable für
jede Seite. Ein ausgedehntes Dreiecksnetz mit N Knoten hat
pauschal und bei Vernachlässigung des Randeinflusses 2N
Dreiecke und 3N Kanten, wie man sich mit Hilfe des Euler'schen Po-
lyedersatzes überlegt[1]. Für den Variablensatz p_s folgt daraus
die Anzahl der Komponenten zu

$$L = 6N + 3N = 9N$$

Dagegen wären im E x t r e m f a l l e des Uebergangs auf
Kraftvariable an jedem Dreieck pauschal

$$L^* = 8 * 3N + 6 * 2N = 36N$$

wo der erste Beitrag von den Kanten, der zweite von den 6
Lagrange'schen Multiplikatoren pro Dreieck stammt. Der Mehr-
aufwand durch den Uebergang auf Kraftvariable ist überra-
schend hoch. In praktischen Fällen ist es allerding nie notwendig, schon auf   Dreieckselementstufe Kraftvariabeln einzuführen; solche werden erst unentbehrlich bei Kanten mit
mehrfachem Scheibenanschluss oder an den Anschlussstellen
anderer Elementtypen.

[1] In zwei Dimensionen ist mit N Knoten, K Kanten und D Dreiecken

$$N + D = K + 1$$

und für grosse Netze einfachen Zusammenhangs

$$K \sim \frac{3D}{2}$$

daraus folgt die Behauptung.

Eine zweite Folge des Uebergangs zu Kraftvariablen ist der
Verlust der lokalen Kontinuität in den Knoten. In innern
Knoten eines Scheibenstücks (Fig. 2.02) hat man durch die
gemeinsamen zweiten Ableitungen der Spannungsfunktion an
allen angeschlossenen Elementecken einen homogenen Spannungs-
und Verzerrungszustand. Werden Scheibenstücke durch Kraftvariable in der Kontaktfläche verbunden, ist diese Stetigkeit der Dehnungen nicht mehr gesichert. Selbstverständlich
ist trotzdem eine korrekte Diskretisation des Problems
gewährleistet: Die erste Variation des Prinzips (2.025)
liefert unter anderem die Verträglichkeitsbedingungen.
Praktisch und bei grober Diskretisation geht auf diese
Weise jedoch viel Genauigkeit verloren. In den Anwendungen
des 4. Abschnitts werden wir häufig Ueberkontinuitätsbedingungen an Verzweigungskanten mit Hilfe Lagrange'scher Multiplikatoren wieder einführen. Einzelheiten dazu sind den
Beispielen zu entnehmen.

2.2 Technische Einzelheiten zur Bildung der Elementmatrizen

Die Interpolation in Dreiecksbereichen (2.002 - 2.006) und
die Auswertung der Flexibilitätsmatrizen der Dreieckselemente und Scheibenstücke (2.009 - 2.011) im kartesischen
Bezugssystem ist wohl einfach, rechentechnisch aber langsam.
Schnelle Spezialprogramme für diese Aufgabe stützen sich
auf homogene Dreieckskoordinate, die Felippa [30] eingeführt hat. Er gibt auch die Ritz'schen Ansatzfunktionen
für allgemeine Dreiecksbereiche bis zum Polynomgrad 3 an.
Im Sinne einer Ergänzung seiner Liste sind in (2.24) die
Koordinatenfunktionen 5. Grades explizit angegeben.

In Verbindung mit homogenen Dreieckskoordinaten ist eine
entsprechende, auf lokale Dreiecksrichtungen bezogene Beschreibung des Spannungszustandes zweckmässig. Es ist üblich, die direkten Ansatzgrössen - hier Spannungen - durch
kovariante Komponenten zu beschreiben. Die zugeordneten
Dehnungen haben dann kontravarianten Charakter (2.23).

Schliesslich geben wir in (2.27) die Grundlagen zur direkten
Bestimmung der Kraftverbindungs- und Gleichgewichtsmatrizen
(2.020, 2.021). Die Randvariabeln des Scheibenstücks sind
nach den lokalen Randrichtungen orientiert. Deshalb spart
man Transformationen, wenn man die entsprechenden lokalen
Variabeln nicht zuerst in ein kartesisches System transformiert. In speziellen Fällen ist dieses Vorgehen auch
für die inneren Variabeln des Scheibenstücks anwendbar (2.26).

Elementprogramme - zu denen wir hier auch die Spezialprogramme für die polygonalen Scheibenstücke zählen - verlangen einen relativ grossen Arbeitsaufwand und grösste
Sorgfalt bei der Ausprüfung. Das "Handwerkszeug" dazu ist
einerseits einfach, wird aber in der Fachliteratur höchstens
flüchtig gestreift. Deshalb stellen wir die wichtigsten
Grundlagen für das Dreieckselement und die Scheibenstücke
kurz zusammen. Andererseits sollten Massnahmen zur Be-
schleunigung von Elementprogrammen - soweit sie nicht zugleich zur numerischen Stabilität der Rechnung beitragen -
keineswegs überschätzt werden. Massgebend für die totalen
Rechenkosten sind bei grösseren Problemen immer die Eli-
minationsprozesse an den linearen Gleichungssystemen. Wir
verweisen auf den Abschnitt (3).

2.21 Geometrie und Koordinatensysteme

Mit

$$2F = \det \begin{vmatrix} 1 & 1 & 1 \\ x_i & x_j & x_k \\ y_i & y_j & y_k \end{vmatrix} \qquad (2.051)$$

hat das Dreieck von Fig. 2.10 die Fläche

$$A = \text{abs}\,(F) \qquad (2.052)$$

und die Orientierung

$$\mu = \text{sign}\,(F) \qquad (2.053)$$

diese hat den Wert +1, wenn (ijk) denselben Umlaufsinn definiert wie $(+x \rightarrow +y)$.

Die l o k a l e n S e i t e n k o o r d i n a t e n
sind definiert durch die normierten Basisvektoren

$$\vec{s}_i = \left\{ \frac{x_k - x_j}{l_i} , \frac{y_k - y_j}{l_i} \right\} \qquad \cdot \cdot^1$$

$$= \left\{ s_{ix} , s_{iy} \right\} = \left\{ \frac{\Delta_{ix}}{l_i} , \frac{\Delta_{iy}}{l_i} \right\} \qquad \cdot \cdot$$

$$\vec{n}_i = \mu \left\{ s_{iy} , - s_{ix} \right\} \qquad \cdot \cdot$$

mit

$$l_i^2 = \Delta_{ix}^2 + \Delta_{iy}^2 \qquad \cdot \cdot$$

$$(2.054)$$

$\vec{n}_i ..$ ist unabhängig von der Orientierung ein äusserer Normalen-
vektor.

Wie wir sehen werden, tritt $l_i ..$ in allen Transformationen
zwischen Grössen gerader Ableitungsstufe mit gerader Potenz
auf. Dann ist das Ausziehen der Wurzel aus $l_i^2 ..$ nicht nötig
und soll auch aus numerischen Gründen vermieden werden.

Die h o m o g e n e n D r e i e c k s k o o r d i n a t e n
eines Punktes P in der Ebene des Dreiecks sind definiert durch

$$\zeta_i(P) = \frac{\det \begin{vmatrix} 1 & 1 & 1 \\ x_P & x_j & x_k \\ y_P & y_j & y_k \end{vmatrix}}{2F} \qquad \cdot \cdot \qquad (2.055)$$

^{1} .. bezeichnet zyklische Vertauschung

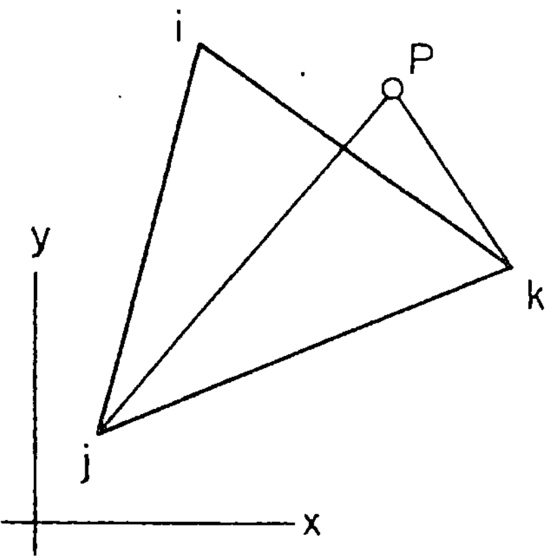

Fig. 2.10

Diese Formeln sind die Kramer'sche Auflösung des Gleichungssystems

$$\begin{bmatrix} 1 \\ x_P \\ y_P \end{bmatrix} = \begin{bmatrix} 1 & 1 & 1 \\ x_i & x_j & x_k \\ y_i & y_j & y_k \end{bmatrix} \begin{bmatrix} \zeta_i \\ \zeta_j \\ \zeta_k \end{bmatrix} \tag{2.056}$$

womit - neben der Umkehrtransformation - die Abhängigkeit

$$\zeta_i + \zeta_j + \zeta_k = 1$$

folgt.

Die homogenen Koordinaten eines Punktes sind invariant gegenüber allen linearen Transformationen (Perspektiven Abbildun-
gen) der Ebene.

2.22 Ableitungen von Funktionen in homogenen Koordinaten

Im Folgenden benötigen wir die Ableitungen von Funktionen
in homogenen Variablen nach den lokalen Seitenkoordinaten.
Durch spezielle Wahl des kartesischen Systems (Fig. 2.11)
wird aus (2.055)

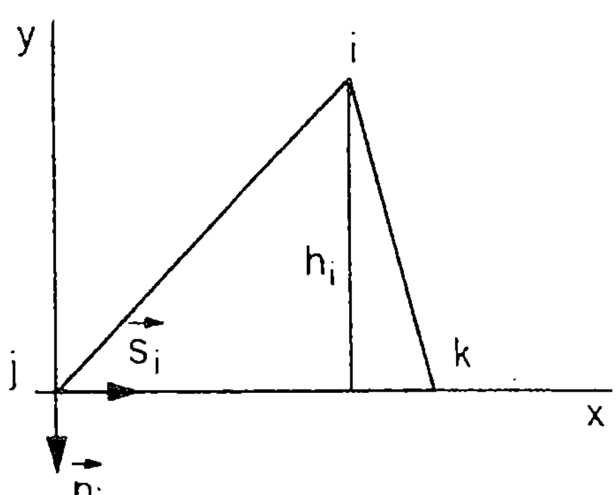

Fig. 2.11

$$
\begin{bmatrix} \zeta_i \\ \zeta_j \\ \zeta_k \end{bmatrix} = \frac{1}{2A} \begin{bmatrix} 0 & 0 & -l_i \\ 2A & -h_i & l_j \cos(k) \\ 0 & h_i & l \cos(j) \end{bmatrix} \begin{bmatrix} 1 \\ s_i \\ n_i \end{bmatrix}
\tag{2.057}
$$

Damit folgt

$$
\frac{d\Phi}{ds_i} = \frac{1}{l_i} \left(\frac{\partial \Phi}{\partial \zeta_k} - \frac{\partial \Phi}{\partial \zeta_j} \right) \qquad \cdot \cdot
\tag{2.058}
$$

und

$$\frac{d^2\Phi}{ds_i^2} = \frac{1}{l_i^2}\left(\frac{\partial^2\Phi}{\partial\zeta_k^2} - 2\frac{\partial^2\Phi}{\partial\zeta_k\partial\zeta_j} + \frac{\partial^2\Phi}{\partial\zeta_j^2}\right) \qquad (2.059)$$

ferner

$$\frac{d\Phi}{dn_i} = \frac{1}{2A}\left(-\frac{\partial\Phi}{\partial\zeta_i}l_i + \frac{\partial\Phi}{\partial\zeta_j}l_j\cos(k)\right.$$
$$\left. + \frac{\partial\Phi}{\partial\zeta_k}l_k\cos(j)\right)\ .. \qquad (2.060)$$

2.23 Transformationen in schiefwinkligen Systemen

Wir stellen die Ableitungen der Spannungsfunktion - insbesondere also den Spannungszustand - in schiefen Axensystemen immer durch kovariante Komponenten dar. Anschaulich bedeutet dies, dass die "Komponente" eines Spannungszustandes in einer Richtung (Fig. 2.12) als t o t a l e Spannung in dieser Richtung definiert ist. (Die alternative kontravariante Definition beruht auf einer Zerlegung des Spannungszustands in lineare Teilspannungszustände). Es ist für die Arbeit mit allgemeinen Dreieckselementen zweckmässig, den inneren Spannungszustand in einem Punkt durch die 3 Spannungen normal zu den Seiten zu beschreiben, unter Verzicht auf Schubspannungen. Ausgehend vom kartesischen Hilfssystem (Fig. 2.12) hat man dann vorerst

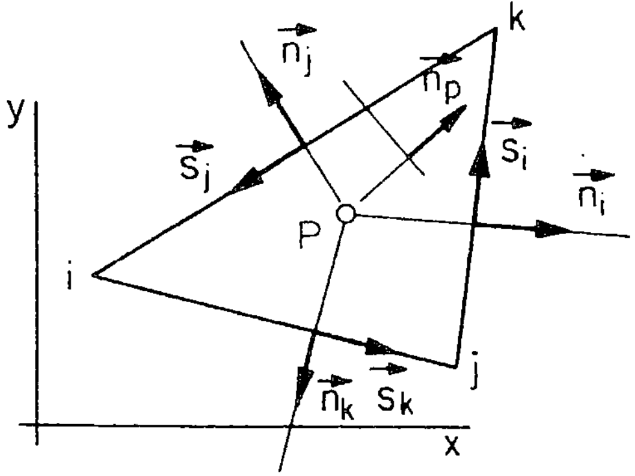

Fig. 2.12

$$\sigma_\Delta = \begin{bmatrix} \sigma_i \\ \sigma_j \\ \sigma_k \end{bmatrix} = \begin{bmatrix} n_{ix}^2 & n_{iy}^2 & 2\,n_{ix}\ n_{iy} \\ \cdot & & \\ \cdot\cdot & & \end{bmatrix} \begin{bmatrix} \sigma_x \\ \sigma_y \\ \tau_{xy} \end{bmatrix} \qquad (2.061)$$

$$= B_\Delta\ \sigma$$
$$(3*3)$$

wo $\vec{n_i}$ Einheitsvektoren sind. Mit einer Airy'schen Spannungsfunktion Φ ist (Fig. 2.12)

$$\sigma_i = \frac{d^2\Phi}{ds_i^2} \qquad \cdot\cdot$$

Alle Spannungstransformationen sind zugleich Transformationen für 2. Ableitungen einer Funktion.

Die Spannung in einer allgemeinen Richtung p wird

$$\sigma = \begin{bmatrix} n_{px}^2 & n_{py}^2 & 2n_{px} & n_{py} \end{bmatrix} B_\Delta^{-1} \sigma_\Delta$$

$$= B_{p\Delta} \, \sigma_\Delta \qquad (2.062)$$
$$\underset{(1*3)}{}$$

Am Rande von Scheibenstücken treten auch Schubspannungen auf; der Spannungszustand an einer äusseren Ecke ist durch die 4 Spannungskomponenten

$$\underset{(4*1)}{\sigma_>} = \left\{ \sigma_{jk} , \sigma_{ji} , \tau_{jk} , \tau_{ji} \right\} \qquad (2.063)$$

von Fig. 2.05 ü b e r bestimmt. Man beachte, dass die Schubspannungen den S entgegen gerichtet sind. Die Aufgabe der Bestimmung der Spannung in einer allgemeinen Richtung kann wie zuvor auf dem Weg über das kartesische Hilfssystem gelöst werden; die Gln. (2.061) sind zu ergänzen durch 2 Gleichungen für die Schubspannungen

$$\tau_{ji} = \begin{bmatrix} -n_{kx} s_{kx} , & -n_{ky} s_{ky} , & -(n_{ky} s_{kx} + s_{ky} n_{kx}) \end{bmatrix} \sigma$$
$$\underset{(3*1)}{}$$

Durch Jordan'schen Austausch kann so auch die Nebenbedingung (2.019) zwischen den 4 Spannungen (2.063) gewonnen werden; Die Spannung in der allgemeinen Richtung p wird aber in Funktion von 3 dieser Komponenten erhalten. Es ist numerisch vorteilhaft, eine symmetrische Form zu verwenden. Nach einiger Zwischenrechnung findet man

$$\sigma_j \;=\; B_{>j}\;\sigma_>$$
$$(1*4)$$

(2.064)

mit

$$B^{t}_{>j} \;=\; \frac{1}{q_j}\begin{bmatrix} p_k\,q_j + r_k\,r_j \\ p_l\,q_j + r_i\,r_j \\ q_k\,r_l + r_k\,q_j \\ -q_l\,r_j - r_i\,q_j \end{bmatrix}$$

Die Abkürzungen bedeuten

$$p_j \;=\; (\vec{s}_k \cdot \vec{s}_l)^2 \;..$$

$$q_j \;=\; (\vec{s}_k \cdot \vec{n}_i)^2 \;..$$

$$r_j \;=\; (\vec{s}_k \cdot \vec{s}_i)(\vec{s}_k \cdot \vec{n}_i)\;..$$

Auch den Gradientenvektor der Spannungsfunktion beschreiben
wir im schiefen System ξ,η durch seine kovarianten Komponenten (Fig. 2.13). Gesucht sei die 1. Ableitung in einer
allgemeinen Richtung κ . Für die Basisvektoren findet man
(mit dem Sinussatz) die Beziehung

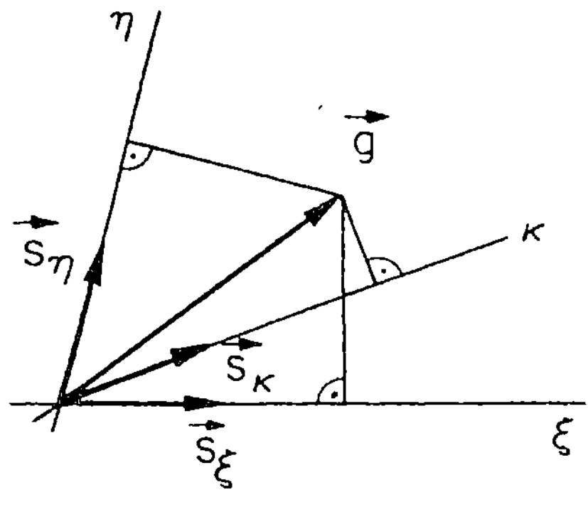

Fig. 2.13

$$\vec{s}_\kappa = \frac{\sin(\kappa\eta)}{\sin(\xi\eta)}\ \vec{s}_\xi + \frac{\sin(\xi\kappa)}{\sin(\xi\eta)}\ \vec{s}_\eta$$

wo zum Beispiel

$$\sin(\kappa\eta) = (\vec{s}_\kappa \times \vec{s}_\eta)_z$$

Damit folgt für den Gradientvektor

$$\frac{d}{d\kappa} = \vec{g}\cdot\vec{s}_\kappa = \frac{\sin(\kappa\eta)}{\sin(\xi\eta)}\ \frac{d}{d\xi} + \frac{\sin(\xi\kappa)}{\sin(\xi\eta)}\ \frac{d}{d\eta} \qquad (2.065)$$

Die Vektorkomponenten gehorchen derselben Transformationsregel wie die Basisvektoren. Deshalb die Bezeichnung "kovariant".

2.24 Koordinatenfunktionen

In homogenen Dreieckskoordinaten können Interpolationsfunktionen in (2.006) ohne allzugrosse Schwierigkeiten direkt

angeschrieben werden. Als Stützwerte wählt man vorerst
Variable in den Seitenkoordinaten des Dreiecks, die analog
zu (2.004) in der Spalte

$$P_{e\Delta} = \left\{ \tilde{\Phi} , \frac{d\tilde{\Phi}}{ds_j}\bigg|_i , \frac{d\tilde{\Phi}}{ds_k}\bigg|_i , \frac{d\tilde{\Phi}}{dn_i}\bigg|_{mi} , \right.$$
$$\left. \frac{d^2\tilde{\Phi}}{ds_i^2}\bigg|_i , \frac{d^2\tilde{\Phi}}{ds_j^2}\bigg|_i , \frac{d^2\tilde{\Phi}}{ds_k^2}\bigg|_i , \right\} \tag{2.066}$$

(21*1)

geordnet seien. Die Interpolationsmatrix $\beta_{e\Delta}$ entsprechend
(2.006) ist dann aufzubauen aus den 5 Funktionen in den
Spalten von Tab. 2.14, deren zyklischen Vertauschungen und
Spiegelungen. Die erste Funktion $\varphi_{,i}$ ist die Koordinatenfunktion zum Stützwert

$$\frac{d\tilde{\Phi}}{dn_i}\bigg|_{mi}$$

Die Koordinatenfunktionen 2 - 5 setzen sich zusammen aus einer
Grundfunktion, welche Koordinatenfunktion bezüglich der 18
Eckstützwerte ist, und Korrekturen durch Anteile von $\varphi_{,i}$ zur
Herstellung der Orthogonalität mit diesen Funktionen. Neben
diesen Korrekturfaktoren enthält Tab. (2.14) auch die zweiten
Ableitungen der Grundfunktionen in den Seitenrichtungen, die
in (2.25) benötigt werden.

Im Hinblick auf die spätere Integration schreiben wir die Interpolationsmatrix als Produkt

$$\beta_{e\Delta} = \gamma_{e\Delta} \, B_{e\Delta} \tag{2.067}$$

(1*21)   (1*21) (21*21)

wo alle geometrischen Faktoren der Einheitsfunktionen in Tab.
(2.14) einschliesslich der Korrekturfaktoren (Zeilen 3 - 5)
in der Konstanten, spärlich besetzten Matrix $B_{e\Delta}$ unterge-
bracht werden, während $\gamma_{e\Delta}$ nur noch die dimensionslosen Grundfunktionen enthält und von der speziellen Dreiecksgeometrie
unabhängig ist.

φ,i	φi	$\varphi j,i$	$\varphi j,ii$	$\varphi j,jj$	Fig. 2.14
$-\dfrac{32A}{l_i}\zeta_i\,\zeta_j^2\,\zeta_k^2$	$10\zeta_i^3-15\zeta_i^4+6\zeta_i^5$	$l_i(4\zeta_j^3-3\zeta_j^4)\,\zeta_k$	$\dfrac{l_i^2}{2}\,\zeta_j^3(1-\zeta_j)\,\zeta_k$	$-\dfrac{l_j^2}{2}\,\zeta_i\,\zeta_j^3\,\zeta_k$	Grundfunktion
	O	$-\dfrac{1}{32A}(12l_i\,l_j\cos(k)+5l_i\,l_k\cos(j))$	$-\dfrac{l_i^2}{64A}(2l_j\cos(k)+l_k\cos(j))$	$-\dfrac{l_i\,l_j^2}{64A}$	* φ,i
	$-\dfrac{15}{16A}\,l_i\,\cos(k)$	O	O	O	* φ,j Korrektur-beiträge
	$-\dfrac{15}{16A}\,l_i\,\cos(j)$	$\dfrac{1}{32A}\cdot 5l_i\,l_k$	$\dfrac{l_i^2\,l_k}{64A}$	$\dfrac{l_k\,l_j^2}{64A}$	* φ,k
$-\dfrac{64A}{l_i}*\;\zeta_i(\zeta_k^2-4\zeta_j\,\zeta_k+\zeta_j^2)$	O	$12l_i*\;\zeta_j(2\zeta_k-\zeta_j\zeta_k-2\zeta_j+2\zeta_j^2)$	$l_i^2*\;\zeta_j(3\zeta_k-6\zeta_j\zeta_k-3\zeta_j+4\zeta_j^2)$	$-3l_j^2*\;\zeta_i\zeta_j(\zeta_k-\zeta_j)$	* $\dfrac{1}{l_i^2}$ Krüm-
$-\dfrac{64A}{l_i}*\;\zeta_j^2(\zeta_i-2\zeta_k)$	$60\zeta_i*\;(1-3\zeta_i+2\zeta_i^2)$	O	O	$l_j^2\;\zeta_j^3$	* $\dfrac{1}{l_j^2}$ mun-
$-\dfrac{64A}{l_i}*\;\zeta_k^2(\zeta_i-2\zeta_j)$	$60\zeta_i*\;(1-3\zeta_i+2\zeta_i^2)$	$12l_i*\;\zeta_j\zeta_k(2-3\zeta_j)$	$3l_i^2*\;\zeta_j\zeta_k(1-2\zeta_j)$	$-3l_j^2*\;\zeta_j\zeta_k(\zeta_i-\zeta_j)$	* $\dfrac{1}{l_k^2}$ gen

2.25 Bildung der Elementmatrix des Dreieckselements

In geringfügiger Abwandlung von (2.061) hat man für ein Dreieck ijk (Fig. 2.12)

$$
\underset{(3*1)}{\sigma_\Delta} =
\begin{bmatrix} \dfrac{d^2\tilde{\Phi}}{ds_i^2} \\[2mm] \dfrac{d^2\tilde{\Phi}}{ds_j^2} \\[2mm] \dfrac{d^2\tilde{\Phi}}{ds_k^2} \end{bmatrix}
= \begin{bmatrix} l_i^{-2} & l_j^{-2} & l_k^{-2} \end{bmatrix}
\begin{bmatrix} \Delta_{iy}^2 & \Delta_{ix}^2 & -2\Delta_{ix}\,\Delta_{iy} \\[1mm] \Delta_{jy}^2 & \Delta_{jx}^2 & -2\Delta_{jx}\,\Delta_{jy} \\[1mm] \Delta_{ky}^2 & \Delta_{kx}^2 & -2\Delta_{kx}\,\Delta_{ky} \end{bmatrix}
\underset{(3*1)}{\sigma}
$$

$$
\sigma_\Delta = l^{-2}\, B_{\Delta l}\; \sigma \tag{2.071}
$$

Die Formänderungsenergie

$$
d\pi = \tfrac{1}{2}\,\sigma^t \underset{(3*3)}{E^{-1}}\, \sigma \; dV
$$

transformiert sich damit in

$$
d\pi = \tfrac{1}{2}\,\sigma_\Delta^t\; l^{+2}\, E_\Delta^{-1}\; l^{+2}\sigma_\Delta \; dV
$$

mit

$$
\underset{(3*3)}{E_\Delta^{-1}} = B_{\Delta l}^{-1t}\; E^{-1}\, B_{\Delta l}^{-1} \tag{2.072}
$$

Aus (2.067) folgt

$$
\sigma_\Delta = l^{-2}\, \partial^2\gamma_{e\Delta}\, B_{e\Delta}\, p_{e\Delta} \tag{2.073}
$$

mit dem Operator

$$\partial^2 = \left\{ \left(\frac{\partial}{\partial \zeta_k} - \frac{\partial}{\partial \zeta_j}\right)^2, \cdot, \cdots \right\}$$

Für das Dreieckselement folgt

$$\Delta \pi_e = \frac{1}{2} \, p^t_{e\Delta} \, F_{e\Delta} \, p_{e\Delta}$$

$$F_{e\Delta} = B^t_{e\Delta} \, F_\Delta \, B_{e\Delta} \qquad F_\Delta = \sum_{\substack{i=1,3 \\ j=i,3}} E_{ij} \, f_{ij}$$
$$\quad {\scriptstyle (21*21)} \qquad\qquad\qquad {\scriptstyle (21*21)} \qquad\qquad\qquad (2.074)$$

Die E_{ij} sind die Elemente von E_Δ^{-1}. Die Matrizen f_{ij} sind von der speziellen Geometrie unabhängig:

$$f_{ii} = \int_\Delta \partial^2 j^{(i)t}_{e\Delta} \; \partial^2 j^{(i)}_{e\Delta} \; dA$$
$${\scriptstyle (21*21)}$$

$$f_{ij} = \int_\Delta \left(\partial^2 j^{(i)t}_{e\Delta} \; \partial^2 j^{(j)}_{e\Delta} + \partial^2 j^{(j)t}_{e\Delta} \; \partial^2 j^{(i)}_{e\Delta} \right) dA \qquad (2.075)$$
$${\scriptstyle (21*21)}$$

was man mit Hilfe der Integrationsformel

$$\frac{1}{2A} \int_\Delta \zeta_i^{n_i} \, \zeta_j^{n_j} \, \zeta_k^{n_k} \; dA = \frac{n_i! \; n_j! \; n_k!}{(n_i + n_j + n_k + 2)!} \qquad (2.076)$$

und eines einfachen Spezialprogramms ein für allemal auswertet. Dieser Weg zur Bildung von Elementmatrizen [31,10] dürfte am vorliegenden Element zu einem annähernd optimalen Programm führen; unter Verzicht auf weitere Verfeinerungen erfordert die Bildung von $F_{e\Delta}$ ca. 3000 Multiplikationen und Additionen, neben 1400 festen Datenplätzen für Konstanten. Ein alternatives Vorgehen hat Felippa [30] angegeben; es ist zwar langsamer, führt aber die Integration auf einen kleineren Satz von Grundwerten (statt 2.075) zurück, die zudem in [30] tabelliert sind.

2.26 Transformation der Variablen an Scheibenstücken

Die Elementvariablen (2.066) sind analog zu (2.010) auf einen Satz von Variablen des Scheibenstücks zu beziehen. Grundsätzlich kann dies immer so geschehen, dass zuerst die Beziehung zum kartesischen Variablensatz (2.004) hergestellt wird:

$$p_{e\Delta} = \underset{(21*21)}{C_{e\Delta}}\, p_e \qquad (2.080)$$

und, mit (2.010)

$$p_{e\Delta} = \underset{(21*Ns)}{C_{e\Delta}\, a_e}\, p_s \qquad (2.081)$$

Dieser Weg über das kartesische System des Scheibenstücks ist bei ganz allgemeiner Geometrie des Elementnetzes zweckmässig; die nichttrivalen Beziehungen in $C_{e\Delta}$ sind

$$\frac{d\tilde{\Phi}}{ds_j}\bigg|_i = \frac{d\tilde{\Phi}}{dx}\bigg|_i s_{jx} + \frac{d\Phi}{dy}\bigg|_i s_{jy}$$

$$\frac{d^2\tilde{\Phi}}{ds_j^2}\bigg|_i = \frac{d^2\Phi}{dx^2}\bigg|_i s_{jx}^2 + 2\frac{d^2\tilde{\Phi}}{dxdy}\bigg|_i s_{jx}\, s_{jy}$$

$$+ \frac{d^2\tilde{\Phi}}{dy^2}\bigg|_i s_{jy}^2 \qquad\qquad (2.082)$$

Die Normalableitungen an den Kanten sind in der Transformation
(2.081) auf eine konventionelle gemeinsame Orientierung für
beide angeschlossenen Dreiecke zu beziehen.

Besitzt das Elementnetz ausgezeichnete Richtungen, kann eine
Anpassung des Bezugssystems an diese Transformationsaufwand
sparen. In regulären Dreiecksnetzen bezieht man p_s auf ein
schiefes System mit drei ausgezeichneten Richtungen; dadurch
werden in (2.080) die Transformationsgleichungen für die
Spannungen trivial. Von den ersten Ableitungen der Spannungsfunktion muss jene zur dritten ausgezeichneten Richtung mit
(2.065) in Funktion der ersten zwei dargestellt werden.

Am Rand der Scheibenstücke vermitteln lokale schiefe Systeme
den direkten Uebergang zu den - gleichfalls bezüglich lokaler
Richtungen definierten - Kraftvariabeln (2.017). In Eckpunk-
ten wählt man als unabhängige Variable die 6 Werte (Fig. 2.17)

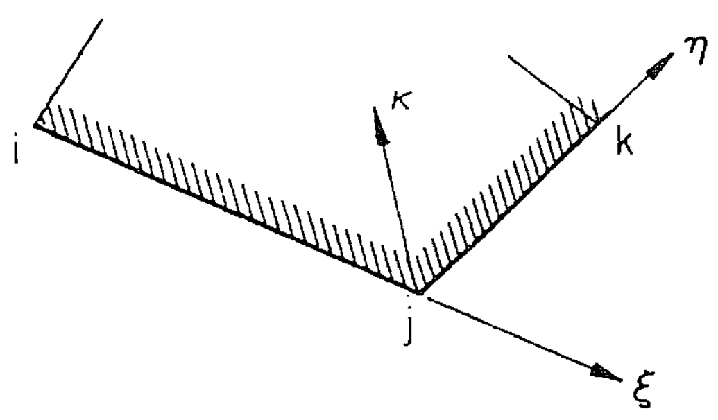

Fig. 2.17

$$\tilde{\Phi}_j \, , \, \frac{d\tilde{\Phi}}{d\xi}\Big|_j \, , \, \frac{d\tilde{\Phi}}{dy}\Big|_j \, , \, \frac{d^2\tilde{\Phi}}{d\xi^2}\Big|_j \, , \, \frac{d^2\tilde{\Phi}}{d\eta^2}\Big|_j \, , \, \frac{d^2\tilde{\Phi}}{d\kappa^2}\Big|_j \qquad (2.086)$$

Ableitungen der Spannungsfunktion in den übrigen lokalen
Richtungen folgen dann aus (2.062) oder (2.064) sowie (2.065).
In Randpunkten auf geradlinigen Abschnitten des Randes be-
zieht man die Variabeln auf ein lokales kartesisches System
mit x_l parallel zum Rand (Fig. 2.18). Die hier benötigten
Transformationsgln. entsprechen sinngemäss (2.082)

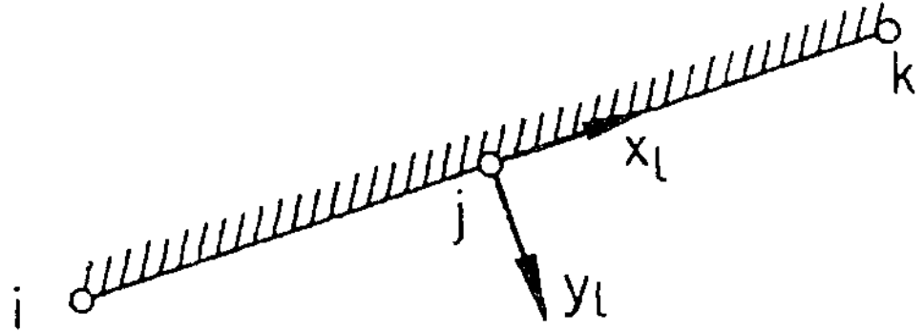

Fig. 2.18

2.27 Die Kraftverbindungsmatrix der Scheibenstücke

Die Transformationsmatrix $\mathbf{C_s}$ von (2.020) kann leicht direkt
bestimmt werden. Mit den lokalen Randbezugssystemen für
Ecken- und Kantenpunkte (Fig. 2.17) des letzten Abschnitts
hat man - ausgehend von den Werten in i -

$$\tilde{\Phi}_i \,,\quad \left.\frac{d\tilde{\Phi}}{dn_{ij}}\right|_i \,,\quad \left.\frac{d\tilde{\Phi}}{ds_{ij}}\right|_i$$

die Beziehungen

$$F_{ij} = t \int_i^j \sigma(s)\,ds = t \left(\frac{d\tilde{\Phi}}{ds_{ij}}\Big|_j - \frac{d\tilde{\Phi}}{ds_{ij}}\Big|_i \right)$$

$$Q_{im} = t \int_i^m \tau(s)\,ds = t \left(\frac{d\tilde{\Phi}}{dn_{ij}}\Big|_m - \frac{d\tilde{\Phi}}{dn_{ij}}\Big|_i \right)$$

$$Q_{mj} = t \int_m^j \tau(s)\,ds = t \left(\frac{d\tilde{\Phi}}{dn_{ij}}\Big|_j - \frac{d\tilde{\Phi}}{dn_{ij}}\Big|_m \right)$$

$$B_{ij} = t \int_i^j \left(s - \frac{l_{ij}}{2}\right) \frac{d^2\Phi}{ds^2}\,ds$$

$$= t \left[\frac{l_{ij}}{2} \left(\frac{d^2\Phi}{ds_{ij}}\Big|_j + \frac{d^2\Phi}{ds_{ij}}\Big|_i \right) - \tilde{\Phi}_j + \tilde{\Phi}_i \right]$$

oder

$$\frac{d\tilde{\Phi}}{ds_{ij}}\Big|_j = \frac{d\tilde{\Phi}}{ds_{ij}}\Big|_i + \frac{F_{ij}}{t}$$

$$\frac{d\tilde{\Phi}}{dn_{ij}}\Big|_m = \frac{d\tilde{\Phi}}{dn_{ij}}\Big|_i + \frac{Q_{im}}{t}$$

$$\frac{d\tilde{\Phi}}{dn_{ij}}\Big|_j = \frac{d\tilde{\Phi}}{dn_{ij}}\Big|_m + \frac{Q_{mj}}{t}$$

$$\tilde{\Phi}_j = \tilde{\Phi}_i + \frac{l_{ij}}{2} \left(\frac{d\tilde{\Phi}}{ds_{ij}}\Big|_j + \frac{d\tilde{\Phi}}{ds_{ij}}\Big|_i \right) - \frac{B_{ij}}{t}$$

In der Ecke j bestimmen wir nun die Ableitungen parallel und
normal zur folgenden Kante jk . Mit

$$c_j = \vec{s}_{ij} \cdot \vec{s}_{jk}$$
$$s_j = (\vec{s}_{ij} \times \vec{s}_{jk})_z$$

ist, als kartesisches Sonderfall von (2.065)

$$\frac{d\tilde{\Phi}}{ds_{jk}}\bigg|_j = \frac{d\tilde{\Phi}}{ds_{ij}}\bigg|_j c_j - \frac{d\tilde{\Phi}}{dn_{ij}}\bigg|_j s_j$$

$$\frac{d\tilde{\Phi}}{dn_{jk}}\bigg|_j = \frac{d\tilde{\Phi}}{ds_{ij}}\bigg|_j s_j + \frac{d\tilde{\Phi}}{dn_{ij}}\bigg|_j c_j$$

(2.096)

Bei quadratisch angesetzter Schubspannung sind die Beziehungen für die Normalableitungen in (2.095) zu modifizieren:

$$\frac{d\tilde{\Phi}}{dn_{ij}}\bigg| = \frac{d\tilde{\Phi}}{dn_{ij}}\bigg|_i + \frac{Q_{ij}}{t}$$

(2.095a)

die Ableitung in der Seitenmitte unterliegt der Zwangsbe-
dingung   (Spline-Interpolation)

$$\frac{d\tilde{\Phi}}{dn_{ij}}\bigg|_m = \frac{1}{2}\left[\frac{d\tilde{\Phi}}{dn_{ij}}\bigg|_i + \frac{d\tilde{\Phi}}{dn_{ij}}\bigg|_j\right]$$
$$+ \frac{l_{ij}}{8}\left[\frac{d^2\tilde{\Phi}}{dn_{ij}ds_{ij}}\bigg|_i - \frac{d^2\tilde{\Phi}}{dn_{ij}ds_{ij}}\bigg|_j\right]$$

(2.095b)

Es ist wesentlich, diese Bedingung in C_S einzuführen, weil
sonst die lokalen Gleichgewichtseigenschaften des Ansatzes

verlorengehen würden. Damit sind Funktion und erste Ableitungen im lokalen System(2.086) bestimmt, und die Ausgangslage für den Uebergang zum nächsten Randpunkt mit den Rekursionsformeln (2.095) ist hergestellt. Die Kraftverbindungsmatrix von (2.020) ist-in den Funktionswerten und ersten Ableitungen zugeordneten Zeilen - in dieser Weise zeilenweise aufzubauen; man hat nur die Gln. (2.095) und (2.096) schrittweise anzuwenden, wobei für Terme aus der Spalte links des Gleichheitszeichens in (2.020) jeweils eine ganze - zuvor bestimmte - Zeile von C_S eingeht. Der Start erfolgt im Randpunkt 1 mit der willkürlichen Anfangsbedingung

$$\tilde{\Phi}_1 = 0 \qquad \frac{d\tilde{\Phi}}{ds_{12}}\bigg|_1 = 0 \qquad \frac{d\cdot\tilde{\Phi}}{dn_{12}}\bigg|_1 = 0$$

Nach einem Umlauf um die einfach zusammenhängende Substruktur erhält man in gleicher Weise die 3 Zeilen

$$\begin{bmatrix} \tilde{\Phi} \\ \dfrac{d\tilde{\Phi}}{ds_{M1}}\bigg|_1 \\ \dfrac{d\tilde{\Phi}}{dn_{M1}}\bigg|_1 \end{bmatrix} = G_{EO}\, P_E = 0 \qquad\qquad (2.098)$$

$$(3*8M)$$

also die 3 globalen Gleichgewichtsbedingungen aus (2.021), bezogen auf den Punkt 1, die letzte Seite (M-1) und deren Normale.

Die Transformationsgleichungen für die 2. Ableitungen der
Spannungsfunktion sind durch die Wahl der lokalen Bezugssysteme in ihrer Mehrzahl trivial. Im Punkte j hat man

$$\frac{d^2\tilde{\Phi}}{d\xi^2}\bigg|_j = \frac{(t\,\tau_{ji})}{t} \qquad \frac{d^2\tilde{\Phi}}{d\eta^2}\bigg|_j = \frac{(t\,\sigma_{jk})}{t}$$

$$\frac{d^2\tilde{\Phi}}{d\kappa^2}\bigg|_j = \underset{(1*4)}{B_{>j}}\ \sigma_j \tag{2.099}$$

unter sinngemässer Verwendung von (2.064). Besondere Aufmerksamkeit verdient der Punkt j an einer geraden Kante der
Substruktur. Hier ist

$$\frac{d^2\tilde{\Phi}}{dx_l^2}\bigg|_j = \frac{(t\,\sigma_j)}{t}$$

$$\frac{d^2\tilde{\Phi}}{dx_l\,dy_l} = \frac{(t\,\tau_j)}{t} \tag{2.100}$$

Die Ableitung

$$\frac{d^2\tilde{\Phi}}{dy_l^2}\bigg|_j \tag{2.101}$$

kann aus den Randkräften nicht bestimmt werden. Ihre Beibehaltung als äussere Variable gibt Anlass zur Formulierung
einer Kontinuitätsbedingung im Sinne der Ausführungen in (2.12).
Wo diese Ueberkontinuität nicht eingeführt werden soll, muss
(2.101) mit den inneren Substrukturvariabeln p_i von (2.012)
eliminiert werden.

Schliesslich folgen aus (2.019) M' lokale Gleichgewichtsbedingungen

$$G_{El} \quad p_E = 0$$
$$(M' * 8M)$$

(2.102)

die (2.098) zu (2.021) ergänzen. M' ist hier die Anzahl der
"eigentlichen" Ecken, mit Innenwinkeln $\neq \pi$.

2.3 Hilfselemente

Wir denken uns allgemeine räumliche Faltwerke mit polygonalen Scheiben so in Scheibenstücke und K a n t e n e l e -
m e n t e zerlegt, dass alle Kräfte zwischen den Teilen
gegenseitige Schnittkräfte sind. Mehrfache, verzweigte Kanten
werden dadurch zu eigenständigen "Elementen" (Fig. 2.20) von
denen der Beitrag zum Funktional (2.025) zu bestimmen ist.
Wählen wir den Kantenbereich ohne räumliche Ausdehnung, so
liefert das Volumintegral über die elastische Energie keinen Beitrag, und es bleibt:

$$-\Delta \pi_R^* = -\iint_{S1} \left[\left(X_\nu - \bar{X}_\nu \right) u + \left(Y_\nu - \bar{Y}_\nu \right) \upsilon + \left(Z_\nu - \bar{Z}_\nu \right) w \right] dS \tag{2.025a}$$

Die Diskretisation dieses Funktionals ist trivial; die inneren
Spannungen, nur vertreten durch $X_\nu \dots$ auf dem Rand, sind im
Gleichgewicht, so dass ihre Arbeit mit dem Verschiebungszustand der Kante verschwindet. Die äusseren Spannungen
sind an jeder Scheibe gemäss (2.018) anzusetzen. Schliesslich
sind die Verschiebungen als räumliche Verallgemeinerung von
(2.033) zu betrachten. Auf eine ausführliche Darstellung sei
mit Hinweis auf (2.11) verzichtet. Anschaulich kann das Resultat direkt als Produkt der Gleichgewichtsbedingungen der diskreten Kräfte und Spannungsflüsse an der Kante mit einem Satz von
Multiplikatoren angeschrieben werden:

$$\Delta \tilde{\pi}_E^* = u_E^t G_E p_E \tag{2.022a}$$

Von den Scheibenebenen in Fig. 2.20 mögen einige nur feste
äussere Belastungen tragen: C_4, C_5. (2.022a) erhält die endgültige Form eines Potentialbeitrags

$$\Delta \widetilde{\mathit{\Pi}}_E^* \;=\; u_E^t \underset{(N_G * N_E)}{\big(G_E\, p_E} + \underset{(N_G * 1)}{\overline{P}\big)} \qquad\qquad (2.201)$$

Der konstante Belastungsterm ist zu unterscheiden von den
Grössen mit Querstrichen in (2.025), die in unserer stufenwei-
sen Bestimmung des stationären Wertes von $\Delta\widetilde{\mathit{\Pi}}^*$ v o r ü b e r -
g e h e n d für eine Stufe festgehalten werden. Die Berech-
tigung zu solcher Manipulation der Begriffe "fest" und "variabel" wird im nächsten Abschnitt (3) bewiesen.

Die angedeutete Regelung hat zwei Konsequenzen, die wesentlich
zur begrifflichen und programmtechnischen Straffung eines Substrukturassemblers beitragen:

- Belastungen sind ausnahmslos E l e m e n t b e -
  l a s t u n g e n . Der Begriff der Belastung von
  "Punkten" ist (bei jeder Art von Finite-Element-
  Technik) mechanisch und methodisch unnötig.

- Die Koeffizienten der quadratischen Formen (2.201)
  (2.022) sind in körperfesten lokalen Systemen der
  Elemente formuliert und invariant gegen Transla-
  tionen u n d Rotationen im Raum.

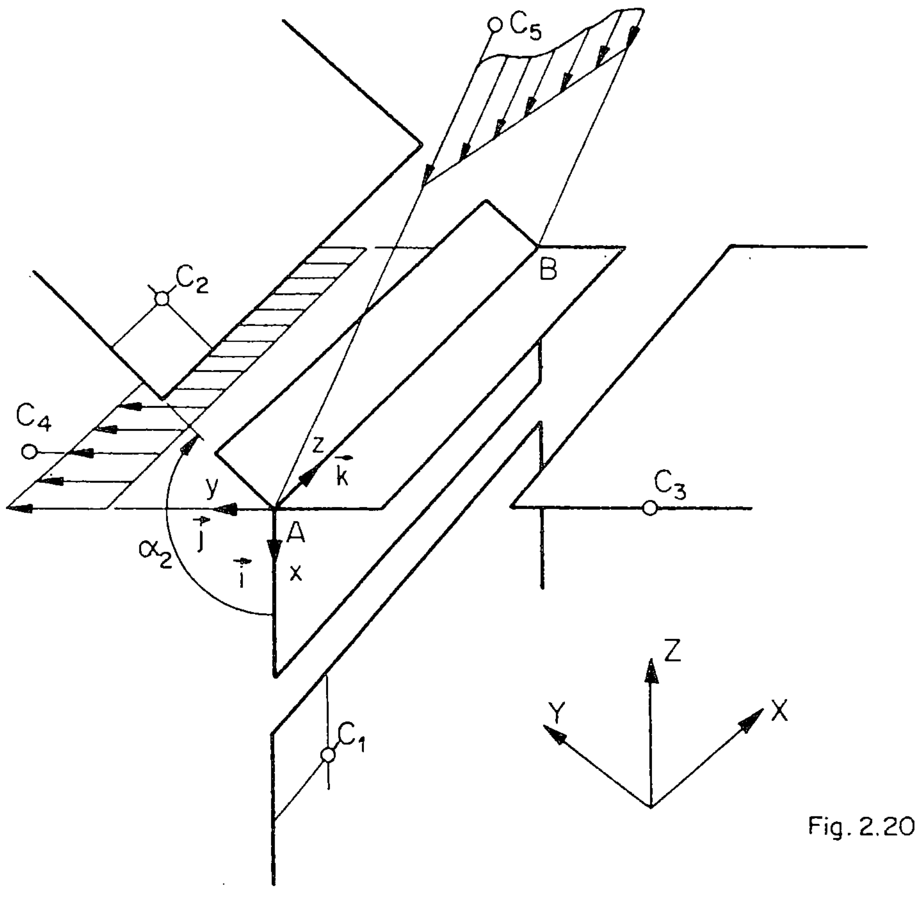

Es verdient Beachtung, dass ein duales Vorgehen zum eben Beschriebenen auch eine globalkoordinatenfreie Substrukturtechnik
im Rahmen der Deformationsmethode ermöglicht: Alle Knoten
oder Kanten mit mehr als zwei angeschlossenen Substrukturen
sind als Multiplikator-Hilfselemente zu definieren, welche
die Verträglichkeit aller angeschlossenen Verschiebungspara-
meter sichern. Alle Verschiebungs-Randvariabeln an einfachen

Elementkanten sind lokal bezüglich des Randes zu orientieren.

Ein Nachteil dieses Vorgehens im Falle der Deformationsmethode ist natürlich die Tatsache, dass nach der Einführung von Multiplikatoren das Gleichungssystem seine positive Definitheit verliert und eine teilweise Pivotsuche nötig wird. Wie wir sehen werden, kann dieser Schwierigkeit im Rahmen mehrstufigen Substrukturaufbaus leicht begegnet werden.

Vorteile sind hingegen

- das Wegfallen von Transformationen auf das Globalsystem

- einfachere Erfassung schiefer Lagerungsbedingungen

- die Gefahr der Einschleppung von Singularitäten durch Transformation ins Globalsystem entfällt. Diese Erscheinung tritt z.B. auf bei der Behandlung von Schalen mit flachen Abschnitten unter Einsatz von Deformationselementen mit Verschiebungsfeldern von kleinerem als 3. Grad.

- wesentlich einfachere Programmlogik bei mehrstufiger Substrukturtechnik.

Die Vorteile des globalkoordinatenfreien Vorgehens fallen dann am stärksten ins Gewicht, wenn mehrfache Kontaktstellen von Substrukturen selten sind oder fehlen. Ein Beispiel für diesen Fall sind Brückentragwerke, welche auf der 1. oder 2. Substrukturstufe als eindimensionale Anordnung von Substrukturen idealisiert werden können. In diesem Falle ist die hier vorgeschlagene Methode jeder anderen - mit raumfestem System - vorzuziehen, und zwar für jede Art von Finiten Elementen.

2.31 Das Scheibenkantenelement

Die mehrfache Scheibenkante von Fig. 2.20 ist in ihrer räumlichen Lage zu definieren durch

- Anfangs- und Endpunkt der Schnittkante A,B

- M Orientierungspunkte $C_1 \ldots C_M$ in den Halb-
  ebenen der angeschlossenen Scheiben

- N Orientierungspunkte $C_{M+1} \ldots C_{M+N}$ in den Halb-
  ebenen der aufgebrachten Belastungen.

Das Bezugssysten X, Y, Z für die Vorgabe der Punktkoordinaten
ist für jedes einzelne Element unabhängig wählbar; massgebend für die Wahl ist nur die Bequemlichkeit der Beschreibung.

Die Basisvektoren $\vec{i}, \vec{j}, \vec{k}$ des lokalen Systems (x,y,z) des Elements sind konventionell festgelegt durch

$$\vec{k} = \frac{\overrightarrow{AB}}{|\overrightarrow{AB}|}$$

$$\vec{j} = \frac{\vec{k} \times \overrightarrow{AC}}{\vec{k} \times \overrightarrow{AC}} \qquad (2.206)$$

$$\vec{i} = \vec{j} \times \vec{k}$$

Im lokalen System ist die Stellung der einzelnen Scheiben bestimmt durch Ihren Winkel zur ersten Scheibe:

$$\sin \alpha_2 = \frac{\overrightarrow{AC_2} \times \vec{k}}{|\overrightarrow{AC_2} \times \vec{k}|} * \vec{i} \qquad (2.207)$$

$$\cos \alpha_2 = -\frac{\overrightarrow{AC_2} \times \vec{k}}{|\overrightarrow{AC_2} \times \vec{k}|} * \vec{j}$$

Sinngemäss bestimmt man die Winkel β_i zu den Belastungs-
ebenen. Aus jeder Scheibe greifen Spannungen am Kantenelement
an, die gemäss (2.018) verteilt sind. Die Zeichenkonvention
für die diskreten Kraftvariabeln sind in Fig. 2.22 angegeben:

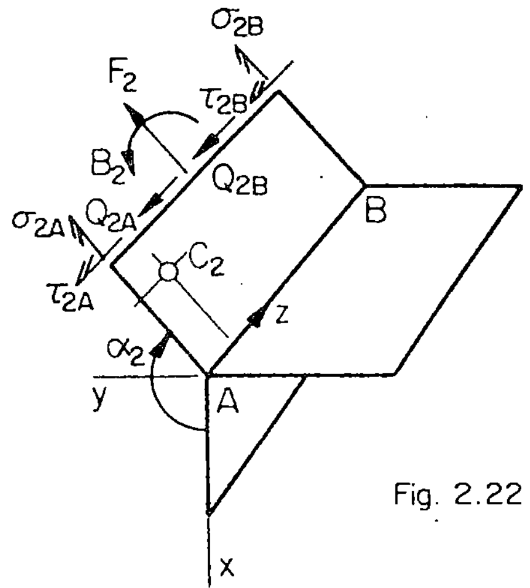

Normalkräfte: Zug $\oplus$
Moment $\oplus$, wenn bei B Zug
Querkräfte $\oplus$ = - Z

Um in jedem Punkt der Kante AB Gleichgewicht der angreifenden
kubisch verteilten Normal- und Schubspannungen zu erzielen,
sind 12 Gleichgewichtsbedingungen zwischen den 8M Variabeln

$$P_E \atop (N_E*1) = \left\{ (\dagger\sigma_{1A}), (\dagger\tau_{1A}), F_1, B_1, Q_{1A}, Q_{1B}, \\ (\dagger\sigma_{1B},)(\dagger\tau_{1B}), \dots \right\} \qquad (2.208)$$

an den M Scheiben und den Belastungen an den N Belastungs-
ebenen einzuhalten:

$$(t\sigma_{xA}) = \sum_M (t\sigma_{iA}) \cos\alpha_i + \sum_N (\overline{t\sigma_{iA}}) \cos\beta_i = 0$$

$$(t\sigma_{yA}) = \sum_M (t\sigma_{iA}) \sin\alpha_i + \sum_N (t\sigma_{iA}) \sin\beta_i = 0$$

$$(t\tau_{zA}) = \sum_M (t\tau_{iA}) + \sum_N (\overline{t\tau_{iA}}) = 0$$

$$F_x = \sum_M F_i \cos\alpha_i + \sum_N \overline{F}_i \cos\beta_i = 0$$

$$F_y = \sum_M F_i \sin\alpha_i + \sum_N \overline{F}_i \sin\beta_i = 0$$

$$B_x = -\sum_M B_i \sin\alpha_i - \sum_N \overline{B}_i \sin\beta_i = 0$$

$$B_y = \sum_M B_i \cos\alpha_i + \sum_N \overline{B}_i \cos\beta_i = 0$$

$$Q_A = \sum_M Q_{iA} + \sum_N \overline{Q}_{iA} = 0$$

$$Q_B = \sum_M Q_{iB} + \sum_N \overline{Q}_{iB} = 0$$

$$(t\sigma_{xB}) = \sum_M (t\sigma_{iB}) \cos\alpha_i + \sum_N (\overline{t\sigma_{iB}}) \cos\beta_i = 0$$

$$(t\sigma_{yB}) = \sum_M (t\sigma_{iB}) \sin\alpha_i + \sum_N (t\sigma_{iB}) \sin\beta_i = 0$$

$$(t\tau_{zB}) = \sum_M (t\tau_{iB}) + \sum_N (\overline{t\tau_{iB}}) = 0$$

$$(2.209)$$

Diese Bedingungen gehen mit den Verschiebungen

$$u_H = \{ \lambda_{xA} , \lambda_{yA} , \lambda_{TA} , f_x , f_y , b_x , b_y ,$$
$$(12 \ast 1) \qquad q_A , q_B , \lambda_{xB} , \lambda_{yB} , \lambda_{TB} \}$$

als Lagrange'sche Multiplikatoren in den (verallgemeinerten)
Potentialbeitrag (2.201) des Hilfselements ein.

2.32 Andere Hilfselemente

Neben dem Scheibenkantenelement ist ein weiteres Hilfselement
für die Erfassung mehrfacher Stabknoten im Raum erforderlich;
weil seine Theorie nach den Ausführungen über das Scheibenkantenelement nichts neues zeigt, verzichten wir auf deren Darstellung.

Auch die Nebenbedingungen zur Herstellung lokaler Kontinuität (2.12) werden formal als "Elemente" behandelt. Ein Beispiel ist die Verträglichkeitsbedingung für die Dehnung zwischen Steg und Flansch eines Plattenbalkens (siehe 4.4).
Schliesslich sind alle Randbedingungen, welche über die einfachen Fälle der Nullsetzung einer Kraftvariabel (freier Rand),
Elimination einzelner Randkräfte (Einspannung) oder Nullsetzung
einer Verschiebungsvariabeln (Lagerung, Einspannung) hinaus-
gehen, in dieser Weise zu berücksichtigen.

2.4 Ein Stabelement

Auf Grund ihrer relativ hohen Fehlerordnung 4 sind die Scheibenelemente (2.1) für die Diskretisation grosser Scheibenstücke bei guter Genauigkeit geeignet. Die geometrische Form
der Dreieckselemente unterliegt gewissen Beschränkungen:

Nadelförmig zugespitzte Elemente führen zu Stellenverlusten
in den Elementmatrizen. Als "Formparameter" kann das Verhältnis von Inkreis zu Umkreis verwendet werden (Streckung).

Die vertretbare Streckung hängt von der Stellenzahl des ver-
wendeten Rechners ab; eine Untersuchung dieses Einflusses
ist in [6] angegeben. Für die vorliegende Arbeit wurde als
Grenze für die Streckung der Elemente konventionell

$$r\,/\,R \;>\; 0.15$$

eingeführt. Damit die Elementeinteilung nicht durch die
schlankesten angeschlossenen stabförmigen Glieder bestimmt
wird, ist somit die Entwicklung eigentlicher Stabelemente erforderlich. Die Diskretisation ist hier durch die Voraussetzungen der technischen Biegungslehre vorweggenommen, und die
Herleitung des elementaren Energiebeitrags bietet keine Be-
sonderheiten.

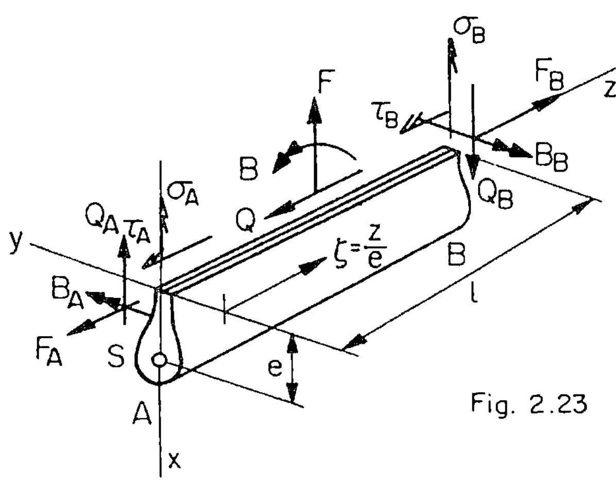

Fig. 2.23

Geometrie, Variablensatz und Zeichenregelung sind Fig. 2.23
zu entnehmen. Wir setzen einfach-symmetrischen konstanten
Querschnitt voraus und beziehen die Beanspruchung in den
Endpunkten A,B des Stabes auf eine Axe im Abstand e vom Schwer-
punkt, wo auch die Scheibenkräfte angreifen. Die Normalspannungen an dieser Längskante seien gemäss (2.018) verteilt; die
Schubspannungen beschränken wir auf den quadratischen Fall
(1.018a). Wir denken uns den Stab vorerst im Endpunkt B eingespannt. Die Beanspruchung eines Schnittes ζ bezüglich des
Schwerpunktes ist dann gegeben durch

$$\widetilde{q}(\zeta) = \underset{(3*10)}{\zeta_e} \, q_e \qquad \underset{(3*1)}{}$$

$$(2.211)$$

mit

$$\widetilde{q} = \left\{ F(\zeta), B(\zeta), Q(\zeta) \right\}$$

$$\underset{(10*1)}{q_e} = \left\{ F_A, B_A, Q_A, (^\dagger\sigma_A), (^\dagger\tau_A), F, B, Q, (^\dagger\sigma_B), (^\dagger\tau_B) \right\}$$

und der Matrix ζ_e von Tab. (2.24)

1	0	0	0	$l[\zeta - 2\zeta^2 + \zeta^3]$	0	0	$6\left[\dfrac{\zeta^2}{2} - \dfrac{\zeta^3}{3}\right]$	0	$l[-\zeta^2 + \zeta^3]$
$-e$	1	ζl	$l^2\left[\dfrac{\zeta^2}{2} - \dfrac{3\zeta^3}{2} + \dfrac{3\zeta^4}{2} - \dfrac{\zeta}{2}\right]$	$-el\left[\zeta - 2\zeta^2 + \zeta^3\right]$	$l\left[\zeta^3 - \dfrac{\zeta^4}{2}\right]$	$6\left[-\dfrac{5}{3}\zeta^3 + \dfrac{5}{2}\zeta^4 - \zeta^5\right]$	$-6e\left[\dfrac{\zeta^2}{2} - \dfrac{\zeta^3}{3}\right]$	$l^2\left[\dfrac{\zeta^3}{2} - \zeta^4 + \dfrac{\zeta^5}{2}\right]$	$-el\left[-\zeta^2 + \zeta^3\right]$
0	0	1	$l\left[\zeta - \dfrac{9}{2}\zeta^2 + 6\zeta^3 - \dfrac{5}{2}\zeta^4\right]$	0	$3\zeta^2 - 2\zeta^3$	$\dfrac{6}{l}\left[-5\zeta^2 + 10\zeta^3 - 5\zeta^4\right]$	0	$l\left[\dfrac{3}{2}\zeta^2 - 4\zeta^3 + \dfrac{5}{2}\zeta^4\right]$	0

Fig. 2.24

Mit der Diagonalmatrix

$$E_B^{-1} = \left[\frac{1}{EF}, \frac{1}{EJ}, \frac{1}{GF'}\right]$$

erhält man die Flexibilität des Stabelements mit der Arbeitsgleichung der Baustatik als

$$\underset{(10 \cdot 10)}{F_e} = l \int_0^1 \zeta^t \, E_B^{-1} \, \zeta \, d\zeta \qquad (2.212)$$

oder

$$F_e = \underset{(10 \cdot 10)}{\frac{l}{EF} f_F} + \underset{(10 \cdot 10)}{\frac{l}{EJ} f_B} + \underset{(10 \cdot 10)}{\frac{l}{GF} f_Q}$$

Auswertung der Arbeitsintegrale liefert

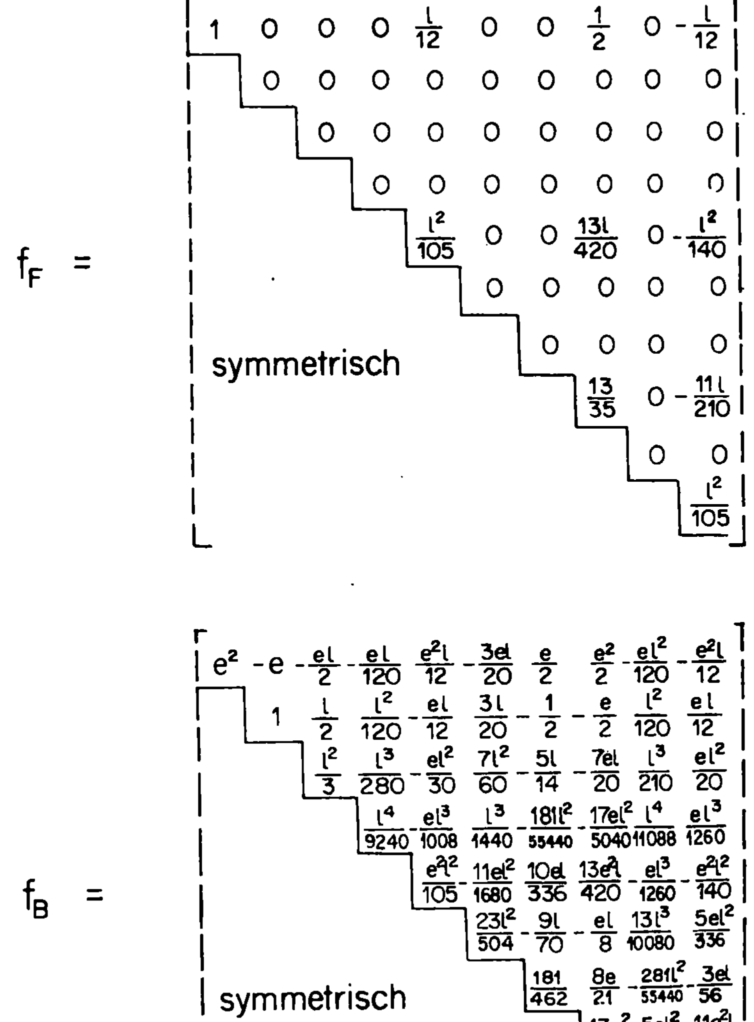

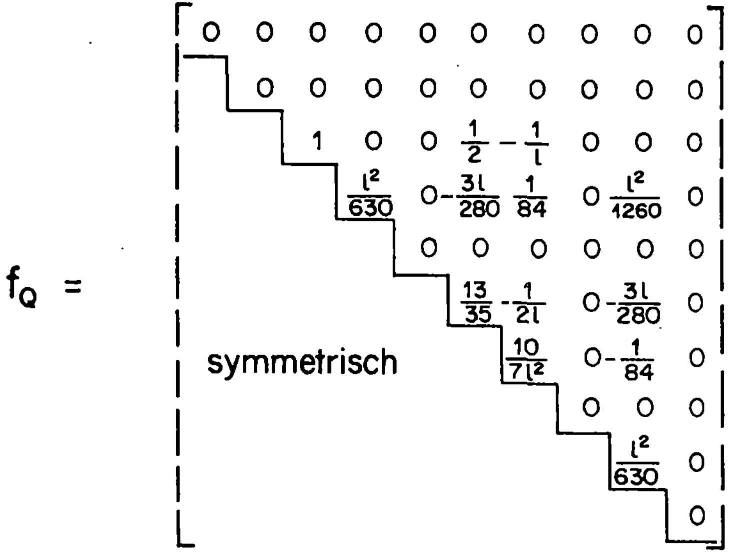

$$f_Q = \begin{bmatrix} 0 & 0 & 0 & 0 & 0 & 0 & 0 & 0 & 0 & 0 \\ & 0 & 0 & 0 & 0 & 0 & 0 & 0 & 0 & 0 \\ & & 1 & 0 & 0 & \frac{1}{2} & -\frac{1}{l} & 0 & 0 & 0 \\ & & & \frac{l^2}{630} & 0 & -\frac{3l}{280} & \frac{1}{84} & 0 & \frac{l^2}{1260} & 0 \\ & & & & 0 & 0 & 0 & 0 & 0 & 0 \\ & & & & & \frac{13}{35} & -\frac{1}{21} & 0 & -\frac{3l}{280} & 0 \\ & & & & & & \frac{10}{7l^2} & 0 & -\frac{1}{84} & 0 \\ & & & & & & & 0 & 0 & 0 \\ & & & & & & & & \frac{l^2}{630} & 0 \\ & & & & & & & & & 0 \end{bmatrix}$$

symmetrisch

Schliesslich ergänzen wir den Variablensatz des Elements durch die Schnittkräfte und Verschiebungen an der Einspannstelle B:

$$\underset{(13*1)}{p_e} = \left\{ q_e , F_B , B_B , Q_B \right\}$$

$$\underset{(3*1)}{u_e} = \left\{ u_F , u_B , u_Q \right\}$$

und erhalten damit den Energiebeitrag des Elements

$$\Delta \widetilde{\pi}_e = \frac{1}{2} \, q_e^t \, F_e \, \underset{(10*1)}{q_e} \; + \; u_e^t \, G_e \, \underset{(13*1)}{p_e} \qquad\qquad (2.022c)$$

mit

$$\underset{(3*13)}{G_e} = \begin{bmatrix} -1 & 0 & 0 & 0 & 0 & 0 & 0 & -1 & 0 & 0 & 1 & 0 & 0 \\ 0 & -1 & -1 & 0 & 0 & -\frac{1}{2} & 1 & 0 & 0 & 0 & 0 & 1 & 0 \\ 0 & 0 & -1 & 0 & 0 & -1 & 0 & 0 & 0 & 0 & 0 & 0 & 1 \end{bmatrix}$$

$$(2.213)$$

3. Substrukturen

Der Beitrag eines Elements zum Gesamtpotential der übergeordneten Struktureinheit ist im allgemeinen Fall von der Form

$$\Delta \widetilde{\pi}_E^* = \frac{1}{2} q_E^t \underset{(N_E * N_E)}{H_E} q_E + q_E^t \underset{(N_E * 1)}{\bar{h}_E} \tag{3.001}$$

Die Variabeln sind einerseits Kräfte, Momente, Spannungsflüsse; andererseits Verschiebungen als Lagrange'sche Multiplikatoren:

$$\underset{(N_E * 1)}{q_E} = \left\{ \underset{(L_E * 1)}{p_E} \quad \underset{(M_E * 1)}{u_E} \right\} \tag{3.002}$$

Praktisch wird man sie nicht in dieser schematischen Weise sortieren. Die Einflussgrössenmatrix ist symmetrisch, aber nicht definit:

$$H_E = \begin{bmatrix} \underset{(L_E * L_E)}{F_E} & \underset{(L_E * M_E)}{G_E^t} \\ \underset{(M_E * L_E)}{G_E} & \underset{(M_E * M_E)}{O} \end{bmatrix} \tag{3.003}$$

In der Regel wird man eine Reihe von Lastfällen zugleich untersuchen; die zugeordneten Potentiale

$$\Delta \widetilde{\pi}_E^* = \left[\Delta \widetilde{\pi}_E^{*(1)} \quad \ldots \quad \Delta \widetilde{\pi}_E^{*(\bar{N}_E)} \right] \qquad (3.004)$$
$$\scriptstyle (1 * \bar{N}_E)$$

unterscheiden sich nur durch die Konstantenspalen, die wir
in der Matrix der S t a n d a r t l a s t f ä l l e des
Elements zusammenfassen.

$$\bar{H}_E = \left[\bar{h}_E^{(1)} \quad \ldots\ldots \quad \bar{h}_E^{(\bar{N}_E)} \right] \qquad (3.005)$$
$$\scriptstyle (N_E * \bar{N}_E)$$

Ausgehend von einem Variablensatz $\mathbf{q}$ der übergeordneten Struktureinheit sind die Elementvariabeln durch eine Umordnungs-
transformation

$$q_E = a_E \, q \qquad (3.006)$$
$$\scriptstyle (N_E * N)$$

zu bilden. Ferner seien die Beiträge der Standart-Lastfälle
des Elements zu den Belastungsgliedern der übergeordneten
Struktureinheit durch die R e k o m b i n a t i o n s m a -
t r i x

$$b_E \qquad (3.007)$$
$$\scriptstyle (\bar{N}_E * \bar{N})$$

bestimmt. Diese Verallgemeinerung gegenüber dem üblichen
Konzept einer unveränderlichen Bedeutung der Lastfälle ist
nötig, um alle Möglichkeiten der Repetition bei verschieden
belasteten, sonst aber gleichen Elementen auszunützen.

Mit (3.001) - (3.007) folgen die Einflussgrössen- und Konstan-
tenmatrizen der übergeordneten Struktureinheit

$$\underset{(N*N)}{H} = \sum_E a_E^t \underset{(N_E*N_E)}{H_E} a_E \tag{3.008}$$

$$\underset{(N*\overline{N})}{\overline{H}} = \sum_E a_E^t \underset{(N_E*\overline{N}_E)}{\overline{H}_E} b_E$$

Im Falle einstufigen Strukturaubaus - das Tragwerk wird
direkt in Grundelemente zerlegt - liefern die Bedingungen

$$\tilde{\pi}^{*\,(K)} = \text{stationär} \qquad (K = 1 ... \overline{N}) \tag{3.009}$$

die linearen Gleichungen

$$Hq + \overline{H} = 0 \tag{3.010}$$

Die Lagerungsbedingungen können in einfachen Fällen durch
die a_E Matrizen eingeführt werden; sonst wird man sich
geeigneter Hilfselemente bedienen.

Solcher einstufiger Strukturaufbau aus Elementen ist heute die
Regel bei den meisten Finite-Element Programmen; in seltenen
Fällen steht eine zweite Stufe zur Verfügung ("Koppelungsrech-
nung"). Diese Konzeption entspricht am diskreten System einer
simplen Aufblähung der Methoden klassischer Statik ins - numerisch - gigantische. Die G r e n z e n solcher Arbeitsweise
sind enger, als gemeinhin angenommen wird, und sie sind keineswegs nur Grenzen der Computertechnologie oder des Rechen-
aufwands (auf die wir zurückkommen werden).Wichtiger ist die

grundsätzlich falsche Datenstrukturierung, welche hier zugrun-
deliegt. Der Vorgang des Entwurfs,der Bemessung und Berechnung
eines Tragwerks stützt sich auf fortgesetzte Unterscheidung
von Haupt- und Nebensache, auf eine stufenweise Beurteilung
des Tragverhaltens an mechanischen Modellen steigender Komplexi-
tät.

Die Bestimmung der Spannungen an einem sehr realitätsnahen
mechanischen Modell durch Diskretisation und Auflösung von
tausenden von Gleichungen in einem Schritt kann in diesem Zusammenhang höchstens als abschliessende Kontrolle - z.B. als
Ersatz für einen Modellversuch - sinnvoll sein. Dagegen ist
die ungegliederte Information aus einer solchen Rechnung in
der Regel so umfangreich und unübersichtlich, dass eigentliche
konstruktive Arbeit damit nicht möglich ist. Dazu kommt die
kaum zu überschätzende Schwierigkeit, die Dateneingabe eines
solchen Problems auf ihre Richtigkeit zu prüfen. Bekanntlich
werden grosse Anstrengungen unternommen, durch technische Ver-
besserungen der Datenerfassung - und Datenausgabe zu einer
besseren Lösung dieser Probleme zu gelangen.

Nach der Ueberzeugung des Verfassers sind solche Massnahmen
a l l e i n nicht mehr als eine Kur an den Symptomen. Das
Problem der grossen Datenmengen ist in der Technik schon lange
vor der Erfindung des Computers bewältigt worden: Durch ein
Denken in hierarchisch geordneten Begriffen, durch setzen von
Prioritäten, durch systematische Gliederung der Information
nach ihrer Wichtigkeit. Voraussetzung für die Anwendung solcher
Denkschemata in digitalen statischen Berechnungen ist eine an-
passungsfähige vielstufige Substrukturtechnik. Nur auf dieser
Grundlage wird es möglich sein, den digitalen Rechner zu einem
tauglichen Werkzeug des Statikers im gesamten Ablauf seiner
Arbeit zu machen. Die eigentliche Substrukturtechnik wird dabei
zu ergänzen sein durch

- Modifikationstechniken

- Verfahren für die Verbindung von Substukturen
  mit ungleichartigen Variablengruppen (vgl. 3.024),

auf die hier nicht eingegangen werden kann.

Eine zweistufige Substrukturtechnik beschreibt Przemieniecki
[32]; er gibt auch eine Uebersicht über frühere Literatur
zu diesem Thema. Die Besonderheit des hier beschriebenen Verfahrens ist die Zurückführung der Auflösung auf eine Form des
Gauss'schen Algorithmus, welche zugleich die erforderliche
vorübergehende statisch bestimmte Lagerung der Substrukturen
automatisch herstellt.

3.11 Die Grundlage

Die mechanischen Grundlagen der Substrukturtechnik sind einfach und anschaulich evident. Wir geben einen formalen Be-
weis an, um die Voraussetzungen und die allgemeine Gültigkeit
für alle linearen Probleme zu zeigen.

Sei π das diskretisierte Gesamtpotential eines Tragwerks,
dass wir uns in 2 Substrukturen zerlegt denken wollen (Fig.3.01),

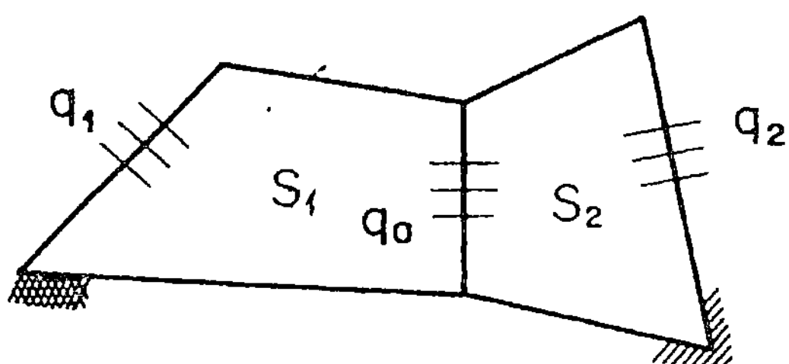

Fig. 3.01

die vorerst je stabil gelagert seien. Wir teilen die Variabeln
in drei Gruppen: Die inneren Variabeln der Substrukturen q_i

(i = 1,2), und die gemeinsamen Variabeln q_a .

Das Potential π ist die Summe der Beiträge aus den beiden Substrukturen

$$\pi = \Delta\pi_1 + \Delta\pi_2 \tag{3.011}$$

wobei

$$\Delta\pi_i = \frac{1}{2}\left[q_i^t\, H_{ii}\, q_i + 2q_i^t\, H_{ia}\, q_a \right.$$
$$\left. + q_a^t\, \Delta H_{aa}\, q_a \right] \tag{3.012}$$
$$+ q_i^t\, \bar{h}_i + q_a^t\, \Delta\bar{h}_a^{(i)}$$
$$i = 1,2$$

Für die Summe (3.011) erhält man, in Matrizenform angeordnet

$$\pi = \frac{1}{2}\left[q_1^t\, q_2^t\, q_a^t\right]
\begin{bmatrix} H_{11} & O & H_{1a} \\ O & H_{22} & H_{2a} \\ H_{1a}^t & H_{2a}^t & H_{aa} \end{bmatrix}
\begin{bmatrix} q_1 \\ q_2 \\ q_a \end{bmatrix}$$
$$+ \left[q_1^t\, q_2^t\, q_a^t\right]
\begin{bmatrix} \bar{h}_1 \\ \bar{h}_2 \\ \bar{h}_a \end{bmatrix} \tag{3.013}$$

mit

$$H_{aa} = \Delta H_{aa}^{(1)} + \Delta H_{aa}^{(2)}$$
$$\bar{h}_a = \Delta\bar{h}_a^{(1)} + \Delta\bar{h}_a^{(2)}$$

Die direkte Lösung des Problems ist mit

$$\pi = \text{stationär}$$

die Lösung des Gleichungssystems

$$\begin{bmatrix} H_{11} & 0 & H_{1a} \\ 0 & H_{22} & H_{2a} \\ H_{1a}^{t} & H_{2a}^{t} & H_{aa} \end{bmatrix} \begin{bmatrix} q_1 \\ q_2 \\ q_a \end{bmatrix} + \begin{bmatrix} \bar{h}_1 \\ \bar{h}_2 \\ \bar{h}_a \end{bmatrix} = 0$$

Durch Elimination der 2 inneren Variablensätze erhält man daraus die Bestimmungsgleichungen

$$L_a q_a + \bar{l}_a = 0 \qquad (3.014)$$

mit

$$L_a = H_{aa} - \sum_{1,2} H_{ia}^{t} H_{ii}^{-1} H_{ia}$$

$$\bar{l}_a = \bar{h}_a - \sum_{1,2} H_{ia}^{t} H_{ii}^{-1} \bar{h}_i$$

Andererseits folgen aus den Teilminima

mit
$$\pi_i = \text{stationär bei } q_a = \text{const.}$$

$$(i=1,2)$$

die Gleichungen

$$H_{ii} q_i + H_{ia} q_a + \bar{h}_i = 0$$

oder

$$q_i \;=\; -\, H_{ii}^{-1} \;\left(H_{ia}\, q_a + \bar h_i \right)$$

Setzt man dies in (3.012) ein, so folgt nach kurzer Zwischenrechnung

$$\Delta \pi_i \;=\; \frac{1}{2}\, q_a^{\,t}\; \Delta L_a^{(i)}\; q_a \;+\; q_a^{\,t}\; \Delta l_a^{(i)}$$

mit

$$\Delta L_a^{(i)} \;=\; \Delta H_{aa}^{(i)} \;-\; H_{ia}^{\,t}\; H_{ii}^{-1}\; H_{ia}$$

$$\Delta l_a^{(i)} \;=\; \Delta \bar h_a^{(i)} \;-\; H_{ia}^{\,t}\; H_{ii}^{-1}\; \bar h_i \tag{3.015}$$

Bildet man daraus die Summe (3.011) und das Substrukturminimum

$$\pi \;=\; \text{stationär}$$

so erhält man wieder die Gleichungen (3.014) für die äusseren
Variabeln. Damit ist gezeigt, dass direkte und stufenweise
Lösung identisch sind.

3.12 Der Algorithmus

Die numerische Bestimmung der Matrizen (3.015) erfolgt mit
Hilfe des Gauss'schen Algorithmus [29]. In etwas verallgemeiner-
ter Form liefert dieser eine Zerlegung

$$\left[\begin{array}{c|c|c} H_{ii} & H_{ia} & \bar{h}_i \\ \hline H_{ia}^t & \Delta H_{aa}^{(i)} & \Delta \bar{h}^{(i)} \end{array}\right] + \left[\begin{array}{c|c|c} C_{ii} & 0 & 0 \\ \hline C_{ia} & -I & \end{array}\right] * \left[\begin{array}{c|c|c} B_{ii} & B_{ia} & \bar{B}_i \\ \hline 0 & B_{aa} & \bar{B}_a \end{array}\right] = 0$$

$$(3.016)$$

Das Bildungsgesetz der Produktmatrizen werden wir in (3.22)
im Zusammenhang mit anderen numerischen Fragen zeigen. Wir
werden immer dafür sorgen, dass die Dreiecksmatrizen C_{ii}
und B_{ii} regulär sind, also nur Diagonalelemente $\neq 0$ haben.

Durch Ausmultiplizieren erhält man

$$
\begin{aligned}
H_{ii} + C_{ii}\, B_{ii} &= 0 \\
H_{ia} + C_{ii}\, B_{ia} &= 0 \\
H_{ia}^t + C_{ia}\, B_{ii} &= 0 \\
\Delta H_{aa}^{(i)} + C_{ia}\, B_{ia} - B_{aa} &= 0 \\
\bar{h}_i + C_{ii}\, \bar{B}_i &= 0 \\
\Delta \bar{h}_a^{(i)} + C_{ia}\, \bar{B}_i - \bar{B}_a &= 0
\end{aligned}
$$

und folgert

$$
\begin{aligned}
H_{ii}^{-1} &= - B_{ii}^{-1}\, C_{ii}^{-1} \\
B_{ia} &= - C_{ii}^{-1}\, H_{ia} \\
C_{ia} &= - H_{ia}^t\, B_{ii}^{-1} \\
\bar{B}_i &= - C_{ii}^{-1}\, \bar{h}_i
\end{aligned}
$$

Schliesslich ist

$$B_{\alpha\alpha} = \Delta H_{\alpha\alpha}^{(i)} - H_{i\alpha}^{t} \, H_{ii}^{-1} \, H_{i\alpha} = \Delta L_{\alpha}^{(i)} \tag{3.015a}$$

$$\bar{B}_{\alpha} = \Delta \bar{h}_{\alpha}^{(i)} - H_{i\alpha}^{t} \, H_{ii}^{-1} \, \bar{h}_{i} = \Delta \bar{l}_{\alpha}^{(i)}$$

Neben diesen Beiträgen zur höheren Stufe enthält der zweite Faktor der Zerlegung (3.016) die Matrizen für das Rückwärtseinsetzen; nach Bestimmung der äusseren Variablen q_α auf höherer Stufe ist

$$q_i = - H_{ii}^{-1} \, H_{i\alpha} \, q_{\alpha} - H_{ii}^{-1} \, \bar{h}_i \tag{3.018}$$

$$= - B_{ii}^{-1} \, (B_{i\alpha} \, q_{\alpha} + \bar{B}_i)$$

3.13 Rechengang und Datenstruktur

Die stufenweise Lösung lässt sich sofort auf beliebig viele Stufen und Substrukturen pro Stufe ausdehnen. Dabei brauchen wir folgende Begriffe:

    - Die S t u f e n[1] der "strukturellen Assemblierung" werden von der höchsten Stufe K - jener des Tragwerks - absteigend numeriert; B a s i s e l e - m e n t e wie die Dreieckselemente oder Scheibenkanten des Abschnitts (2) können auf jeder Stufe unter K auftreten.

---

[1] Wo Grössen aus verschiedenen Stufen gemeinsam auftreten, werden wir die Stufe als vorangestelltes Superscript angeben. $^{(L)}q_s$

- Die allgemeinste begriffliche Einheit ist die ›
  S u b s t r u k t u r   d e r   S t u f e L ,
  mit dem Satz von Potentialbeiträgen zu ihren
  $\overline{N}_S$ S t a n d a r t l a s t f ä l l e n :

$$\Delta\widetilde{\pi}_S^* = \left[\Delta\widetilde{\pi}_S^{*(1)} \ \ldots \ \ \Delta\widetilde{\pi}_S^{*\,(\overline{N}_S)}\right]$$
$$\scriptstyle (1\,*\,\overline{N}_S)$$

$$= \frac{1}{2}\left[(q_s^t\, H_s\, q_s)^{(1)} \ldots \ \ (q_s^t\, H_s\, q_s)^{(\overline{N}_S)}\right]$$

$$+\ q_s^t\, \overline{H}_s$$
$$\scriptstyle (N_S\,*\,\overline{N}_S)$$
$$\tag{3.020}$$

Bei den Komponenten der Variablenspalte q_S der Substruktur
unterscheiden wir i n n e r e und ä u s s e r e Variable.
I n n e r e Variable der Stufe L sind solche, die dort eliminiert werden. A e u s s e r e Variable sind solche, die
an die nächste Stufe weitergegeben werden. E l e m e n t e
sind (auf jeder Stufe) spezielle Substrukturen, die nur äussere Variable haben.

Das T r a g w e r k ist eine spezielle Stubstruktur, die
nur innere Variable hat. Die Substrukturmatrizen denken wir
uns entsprechend der Unterscheidung von inneren und äusseren
Variablen in Untermatrizen aufgeteilt:

$$H_s \atop \scriptstyle (N_S*N_S) = \begin{bmatrix} H_{ii} & H_{ia} \\ \scriptstyle (N_i*N_i) & \scriptstyle (N_i*N_a) \\ & \\ H_{ia}^t & H_{aa} \\ & \scriptstyle (N_a*N_a) \end{bmatrix} \qquad {\overline{H}_s \atop \scriptstyle (N_S*\overline{N}_S)} = \begin{bmatrix} \overline{H}_i \\ \scriptstyle (N_i*\overline{N}_S) \\ \\ \overline{H}_a \\ \scriptstyle (N_a*\overline{N}_S) \end{bmatrix}$$
$$\tag{3.021}$$

Im Gegensatz zur später einzuführenden P a r t i t i o n
der Matrizen ist diese Aufteilung nur begrifflicher Art: Die
Substrukturmatrizen werden praktisch nicht nach inneren und
äusseren Variablen umgeordnet.

Grundsätzlich liefert nun die Gauss'sche Teilzerlegung zu
(3.021) die E l e m e n t - und R e k u r s i o n s m a -
t r i z e n in der schematischen Form des zweiten Faktors
in (3.016).

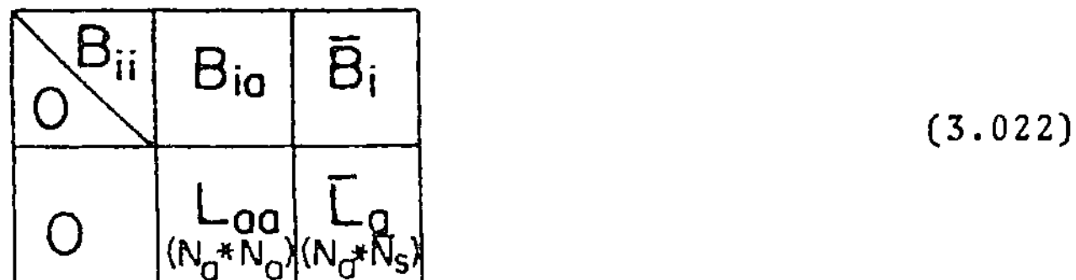

$$(3.022)$$

Um von der einschränkenden Voraussetzung einer stabilen
Lagerung der Substrukturen freizukommen, bleibt die genaue
Lage der Trennungslinien zwischen inneren und äusseren Varia-
blen in (3.022) bis zum Abschluss des Gauss'schen Teilelimi-
nationsvorgangs variabel; anfänglich innere Variable, deren
Elimination wegen

- linearer Abhängigkeit
- linearer Fast-Abhängigkeit
- Auswirkungen der Matrizenpartition

nicht möglich ist, werden den äusseren Variabeln zugeordnet.
Anschaulich bedeutet diese Massnahme die automatische Bestimmung vorübergehender Hilfslager für die Substruktur;
numerisch ist damit die Regularität von B_{ii} gesichert.

Die Bezifferung der Variablen an der übergeordneten Substruktur der Stufe (L+1) muss diese zusätzlichen Variablen der Un-
terelemente einschliessen. Diese Aufgabe ist programmtechnisch

leicht zu lösen, weil die zusätzlichen Variabeln - als ehe-
malige Innere - immer isoliert auftreten. Als Ergebnis der
Numerierung in der Stufe (L+1) sind die Beziehungen

$$^{(L)}q_a = {}^{(L)}C_S \; {}^{(L)}a_E \; {}^{(L+1)}q_S \tag{3.024}$$
$$^{(L)}(N_a*1) \quad {}^{(L)}(N_a*N_E) \quad (^{(L+1)}N_S*1)$$

bekannt. Die Matrix a_E ist wie immer als reine Indextrans-
formation zu verstehen; sie hat nur die Aufgabe, die Variabeln
des Elements der Stufe L aus dem Variabelnsatz der übergeordneten Substruktur auszuwählen (und ev. ihr Zeichen zu
wechseln). Die Matrix C_S kann eine reguläre Transformation
$(N_a = N_E)$ oder eine E i n s c h n ü r u n g   d e s   V a r i a -
b l e n s a t z e s   beinhalten $(N_a > N_E)$. Eine solche muss
z.B. an den Uebergängen zwischen Elementen verschiedenartigen
Variablensatzes auf das Element mit dem reichhaltigen Teilsatz
in der Kontaktfläche der beiden angewendet werden, um den reinen Gleichgewichtscharakter der Diskretisation zu erhalten.
Als Rechtfertigung solcher Massnahmen kann das Prinzip von
St. Venant herangezogen werden.

Aus (3.022) und (3.024) zu allen Unterelementen E einer Substruktur der Stufe (L+1) erhält man jetzt (vgl. 3.008)

$$^{(L+1)}H_S = \sum_E {}^{(L)}a_E^t \; {}^{(L)}C_S^t \; L_{aa} \; {}^{(L)}C_S \; {}^{(L)}a_E$$

$$^{(L+1)}\overline{H}_S = \sum_E {}^{(L)}a_E^t \; {}^{(L)}C_S^t \; \overline{L}_a \; {}^{(L)}b_E \tag{3.025}$$
$$(^{(L)}\overline{N}_S * {}^{(L+1)}\overline{N}_S)$$

Zu einem Element der Stufe L gehören somit die folgenden
Informationsbeträge:

$\textcircled{1}\;^{(L)}a_E$ -Matrix für die Zuordnung an die höhere Stufe (3.025)

$\textcircled{2}\;^{(L)}b_E$ -Matrix für die Rekombination der Standartfälle

$\textcircled{3}\;^{(L)}c_S$ -Matrix für die Transformation der Elementvariabeln

$\textcircled{4}$ Substrukturmatrizen gemäss (3.022), einschliesslich der Koeffizienten für das Rückwärtseinsetzen

$\textcircled{5}$ Ein V e r z e i c h n i s der untergeordneten Elemente der Stufe (L-1)

Die Informationsmenge zu einem Tragwerk, welches stufenweise in Substrukturen zerlegt wird, erhält die logische Struktur eines B a u m e s :

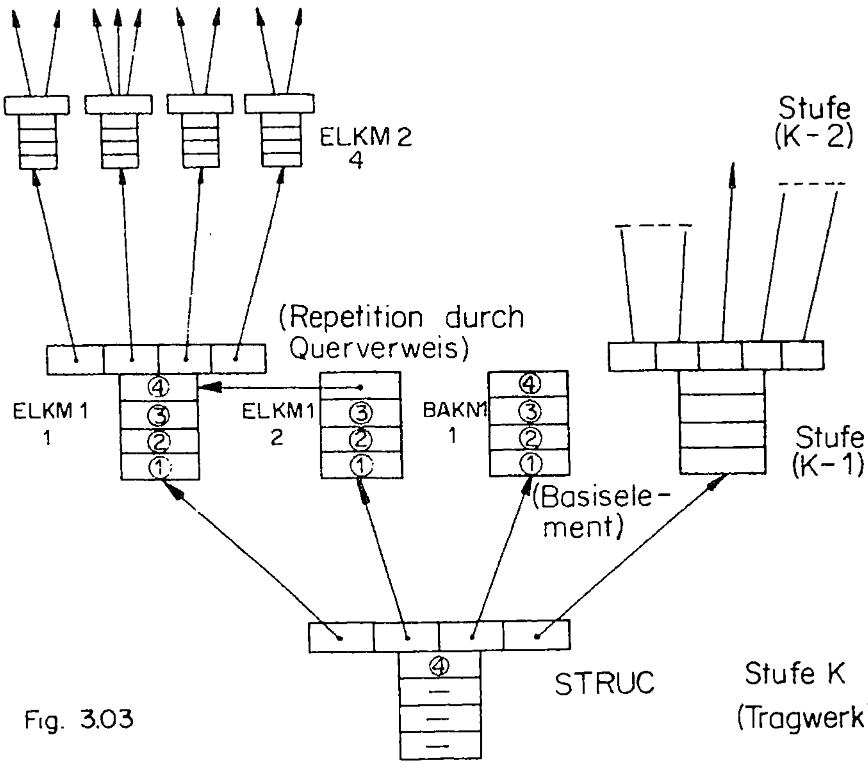

Fig. 3.03

Der Umfang der Informationsmenge (Fig. 3.03) ist schon bei
statischen Problemen mittlerer Grösse so, dass eine einzelne Substrukturmatrix einer Stufe L im direkt adressierbaren
Kernspeicher einer modernen Grossrechenanlage keinen Platz
findet, so dass sekundäre Speichermedien herangezogen werden müssen. In der höchsten Stufe K muss eine stabile Lagerung des Tragwerks gegeben sein. Auch hier kann die automatische Hilfslagerung nützliche Dienste leisten; da äussere
Variable nicht mehr möglich sind, wird unbestimmten Variablen (zu deren Bestimmung der Rang nicht ausreicht) automatisch
der Wert O zugewiesen. Diese Konvention kann in zwei Fällen
von praktischem Nutzen sein:

- statische Berechnung von Bauteilen mit vollständig gegebenen Spannungsrandbedingungen:
  Die automatisch isolierten Hilfslager dienen als
  Ersatz für nicht vorgegebene Verschiebungsrand-
  bedingungen. Durch Einsetzen der Lösungen in die
  isolierten Gleichungen verifiziert man zudem das
  Gleichgewicht der gegebenen Randspannungen.

- Feststellung der Instabilität des Tragwerks im
  Grossen (nicht zu verwechseln mit der elastischen Instabilität 2. Ordnung).
  Das Programm ist in der Lage, die Freiheitsgrade
  einer kinematischen Kette festzustellen, welche durch Fehler des Entwurfs oder der Diskretisation an die Stelle des beabsichtigten stabilen
  Tragwerks getreten ist. Diese Prüfung ist viel
  durchgreifender als die Prüfung der Stabilität
  einzelner Knoten, wie sie z.B. in STRESS vorge-
  sehen ist (CHECK JOINT STABILITY).

Der Vorgang des Rückwärtseinsetzens in den Ketten von teilweise aufgelösten Substrukturgleichungen in aufsteigenden Linien
des "Baumes" von Fig. (3.03) hat neben der Rücktransformation
der Resultate gemäss (3.024) auf die stattgefundene stufenweise Rekombination der Standartlastfälle Rücksicht zu nehmen; seien

$$\overset{(L+1)}{Q_S} \atop (^{(L+1)}N_S * \bar{N})$$

die $\bar{N}$ a k t u e l l e n Lösungen für die Substrukturvariabeln q_S der Stufe (L+1). Dann ist

$$\overset{(L)}{\underset{^{(L)}N_\alpha * \bar{N}}{Q_\alpha}} = {}^{(L)}C_S {}^{(L)}\alpha_E {}^{(L+1)}Q_S \tag{3.024}$$

Die Konstanten in den Eliminationsgleichungen von (2.022)
sind auf den "aktuellen" Stand zu bringen:

$$\underset{(N_i * \bar{N})}{\bar{\bar{B}}_i} = \underset{(N_i * {}^{(L)}N_S)}{\bar{B}_{i\,(L)}} {}^{(L)}b_E \ldots\ldots {}^{(K-1)}b_E \atop (^{(L)}N_S * \cdots\cdots\cdots * \bar{N})$$

$$= \bar{B}_i \; {}^{(L)}b_E \; {}^{(L+1)}B_E$$

${}^{(L+1)}B_E$ ist das Produkt aller Rekombinationsmatrizen der
Stufen (L+1) - (K-1)

$$\underset{(^{(L)}\bar{N}_S * \bar{N})}{{}^{(L)}B_E} = {}^{(L)}b_E \; {}^{(L+1)}B_E$$

in der aufsteigenden Linie des Baumes zum betrachteten Element.
Damit folgt, nach (3.018) und (2.022) durch Gauss'sche Teil-
rekursion

$$\underset{N_i * N}{Q_i} = - \underset{(N_i * N_i)}{B_{ii}^{-1}} (\underset{(N_i * N_\alpha)}{B_{i\alpha}} \underset{(N_\alpha * \bar{N})}{Q_\alpha} + \underset{(N_S * \bar{N})}{\bar{\bar{B}}_{ii}}) \tag{3.018a}$$

Dem Leser muss spätestens an dieser Stelle die Unzulänglich-
keit von Matrizenformeln für die Beschreibung des numerischen
Prozesses der Substrukturtechnik auffallen. D i e s e   U n -
z u l ä n g l i c h k e i t   i s t   g r u n d s ä t z l i -
c h e r   A r t .   Man könnte z.B. versuchen, jeder Matrix
neben der Stufenbezeichnung die "individuelle" Bezeichnung
der zugehörigen Substruktur als Index beizufügen. Auch dies
würde keine Lösung bringen, denn selbstverständlich wird
man die Repetition gleicher Elemente (ein Hauptzweck der Substrukturtechnik) im Baum von Fig. 3.03 nicht durch "Abschrei-
ben" des ganzen Astes darüber realisieren, sondern durch einen
"Querverweis" bei den Elementmatrizen, wie beim Element ELKM1/2
in   Fig.   3.03 angedeutet wurde. Dadurch werden automatisch
alle zuvor "getauften" Elemente des Astes links auf den Stufen (K-2) bis   z w e i d e u t i g e   N a m e n   erhalten.
Eine eindeutige Kennzeichnung eines Elements im Baum ist im
Allgemeinen nur durch Angabe des Wegs zu ihm möglich; diese
Angabe wäre z.B. für das Unterelement ELKM2/4 des repetier-
ten Elements ELKM1/2 in Fig. 3.03:

$$(3.030)$$

Im zeitlichen Ablauf des numerischen Prozesses wird man die
Identität des Elements in Bearbeitung durch eine Liste dieser
Art (englisch Stack) fixieren. P gibt den Ort für den näch-
sten Listeneintrag tieferer Stufe an (Stack Pointer).

Der Beschreibung eines Rückwärtseinsetzvorganges zu den beiden Elementen ELKM2/5 von ELKM1/1 und ELKM1/2 kann - als
Steuerbefehle für das Programm - etwa folgende Form gegeben
werden:

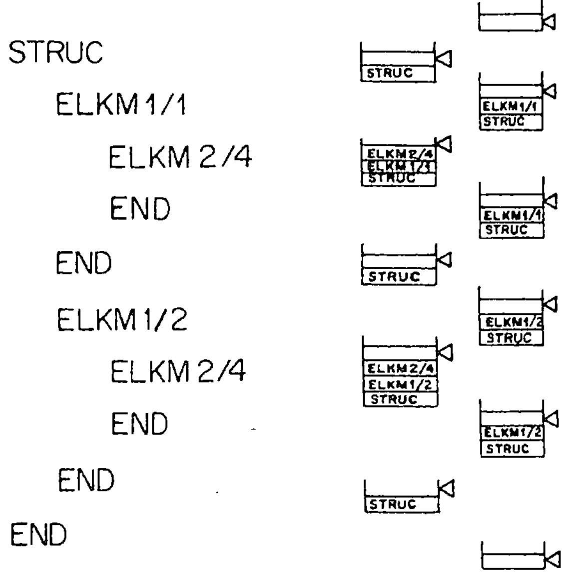

(3.031)

Wir haben rechts den Zustand des Stacks in jeder Phase des
Ablaufs angegeben; die Regel für seine Verwaltung ist offen-
bar:

     - bringe Namen an die Position des Stack Pointers
       und schiebe diesen zugleich um einen Platz aufwärts

     - schiebe bei END den Stack-Pointer um 1 abwärts.

Ein Grundzug der Formeln für Strukturaufbau und Rückwärtseinsetzen (3.024) - (3.018a) ist die R e k u r s i v i t ä t:
Die Operationen sind an allen Stufen des Baumes in gleicher
Weise auszuführen. Werden alle Informationen für die Durch-
führung dieser Operationen in Form solcher "Stacks" abgelegt -
wobei es unwesentlich ist, ob im Stack die Information selbst
oder ein eindeutiger Vertreter davon erscheint - wird es möglich, dieser Rekursivität direkten programmtechnischen Aus-
druck zu geben, indem ein und dasselbe Unterprogramm die Operation auf allen Stufen ausführt; man hat lediglich dafür zu
sorgen, dass jeweils die richtigen Operanden angesteuert
werden; innerlich wird man diese Steuerung durch den Stack-
Pointer vornehmen. Baumstrukturen, Stacks und Rekursivität
sind selbstverständliche und fast lapidare datentechnische
Korrelate zu den wichtigsten Grundfiguren abstrakten Denkens
in Begriffen. Leider ist diese Selbstverständlichkeit eine
solche der b e s s e r e n E i n s i c h t, die unter
den "pragmatischen" Technikern aller Sparten bisher keine
Siege feiert. Man hat sich heute damit abzufinden, dass die
einzige universell verwendbare und mit ausreichender Rücken-
deckung durch die datenverarbeitende Industrie versehene
Programmsprache (FORTRAN) von solcher Einsicht unberührt ist.

Für die Zwecke dieser Arbeit war FORTRAN nur durch systematische Vergewaltigung und durch die Anwendung von Tricks zu
gebrauchen; sein einziger und wichtigster Vorteil dürfte sein,
dass es auf Grund seiner Einfachheit solchen Missbrauch unge-
straft zulässt.

Der Verfasser dankt an dieser Stelle G. M. S k a g e s t e i n
für seine Einführung in die zuvor gestreiften Grundformen der
Datenstrukturierung und Programmierung; ohne sie wäre diese
Arbeit nie abgeschlossen worden. Skagestein's neue Programmsprache [33] stand ihm leider nicht zur Verfügung; sie hätte
die Arbeit wohl um Monate verkürzt.

3.14 Repetitionen

An regelmässigen Tragwerken oder an Tragwerksteilen mit regelmässiger Diskretisation ermöglicht mehrstufige Substrukturtechnik Einsparungen am Rechenaufwand. Die Allgemeinheit
der zugrundeliegenden Datenstruktur (Fig. 3.03) erlaubt eine
sehr weite Interpretation des Begriffs "regelmässig"; insbesondere muss die Regelmässigkeit weder die Belastungen noch
die Lagerung einschliessen. Ferner ist es leicht möglich,
durch geeignete Wahl der Substrukturstufung und -Gliederung
eine gestörte Regelmässigkeit vorerst ungestört regelmässig
zu behandeln und erst am Schluss - in höheren Stufen - die
unregelmässigen Teile oder Glieder des Tragwerks anzuschlies-
sen. Die Voraussetzungen zu dieser weiten Interpretation der
Regelmässigkeit sind gegeben durch

- die Möglichkeit einer Rekombination der Lastfälle
  von Stufe zu Stufe

- die Möglichkeit, Variable als "äussere" Variable
  zu erklären, wodurch deren Elimination aufgescho-
  ben wird und die weitere Verwendung auf höherer
  Stufe offen bleibt.

Fast alle Tragwerke des Bauwesens sind in diesem Sinne von
teilweiser Regelmässigkeit; die Erfahrung zeigt auch, dass
unregelmässige Diskretisation selten notwendig ist.

Das Ausmass der Einsparung durch Repetition von Substrukturen
kann nicht allgemein angegeben werden. Massgebend ist in allen
praktischen Fällen der numerische Aufwand für die Gauss'sche
Elimination. Als schematisches Beispiel zur Illustration betrachten wir ein ebenes, zweidimensionales Tragwerk (Fig. 3.05)
mit einer regelmässigen Teilung in 2^K Maschen an jeder Seite.
Verglichen wird die Zahl der Multiplikationen (oder Additionen)
für direkte Auflösung einerseits und stufenweise Lösung "nach
Potenzen von 2" andererseits (Fig. 3.05), in $2K$ Stufen. Es

wurde nicht untersucht, ob diese extreme Stufung in allen
Fällen optimal ist; bei eigentlichen Makroelementen mit vielen Seitenvariabeln ist sie es sicher.

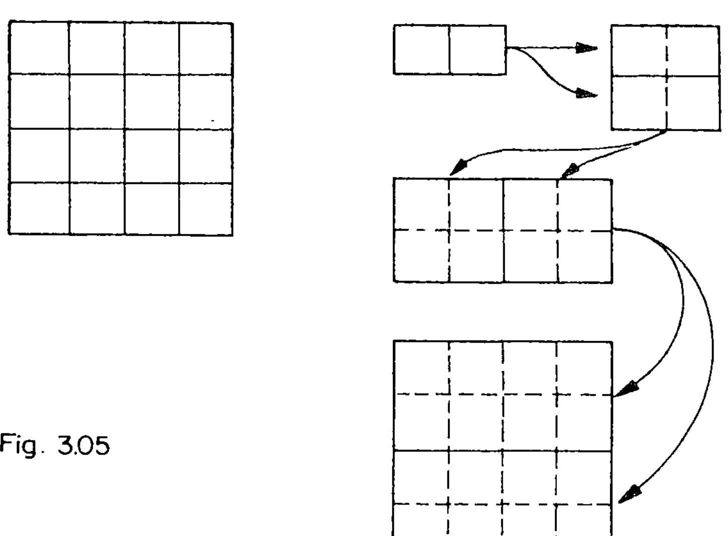

Fig. 3.05

Die Grundelemente haben P Variable pro Knoten, S Variabeln
an den Seiten und I Binnenvariabeln. 2/3 der Variabeln auf
dem Rand seien durch Randbedingungen gegeben. Von den Binnenvariabeln setzen wir voraus, dass in jeder Stufe unter $2K$
nur die Hälfte von ihnen an der Substruktur eliminiert werden
kann, entsprechend den Verhältnissen der direkten Kraftmethode. Bei d i r e k t e r A u f l ö s u n g ist die Zahl
der Unbekannten

$$N = 2^{2K} * I + (2^K + 1)^2 * P + 2^{K+1} * (2^K + 1) * S$$
$$- 2^{K+2} * (P + S) * \tfrac{2}{3}$$

bei einer Bandbreite von

$$NB = (2^K - 1) * (P+S) + 2^K * (S+I)$$
$$+ P + 2 * S/3$$

Die Zahl der Operationen ist

$$L_D \sim (N-NB) * \frac{NB^2}{2} + \frac{NB^3}{6}$$

Bei s t u f e n w e i s e r L ö s u n g ist auf jeder Stufe
eine Teilelimination nach den inneren Variabeln MI an einer
Matrix der Dimension M bei MA = M-MI äusseren Variabeln vorzunehmen. Wir setzen voraus, dass die Elementmatrizen koordi-
natenunabhängig sind und somit in gedrehter Lage nicht transformiert werden müssen (2.3). Der Aufwand für die Teilelimination an den v o l l b e s e t z t e n Substrukturmatrizen
(keine Bandstruktur) ist

$$L_S \sim \frac{1}{6}(M^3 - M_A^{\,3})$$

Dazu kommen pro Element $M_A^2/2$ Operationen für die Umordnung.
Dieser Term kann ins Gewicht fallen, wenn die Zahl der inneren Variabeln klein ist. Die Randbedingungen werden grundsätzlich so früh wie möglich berücksichtigt; die ersten Randvariabeln können in der Stufe $2K-3$ eliminiert werden.

Die Ergebnisse der Auswertung dieser Beziehungen für eine Anzahl von Fällen (P/S/I) sind in Fig. (3.06) aufgetragen. Auf
der Abszisse ist K aufgetragen, in der Ordinate der D i v i -
s o r

$$F = \frac{L_D}{\sum\limits_{1}^{2K} L_S}$$

um den der Aufwand durch die Substrukturtechnik sinkt. Man
beachte den logarithmischen Massstab der Ordinate. Die gestri-
chelte Kurve zeigt den - selbstverständlich hypothetischen -
Fall $P = 0$, $S = 0$, $I = 0$. Im Bereich mittelgrosser "Makroele-
mente" als Ausgangspunkt (3/40/9) ist bei 4 Maschen ($K = 2,4$
Stufen) mit einer Reduktion des Aufwands im Verhältnis von
7,77/1 zu rechnen; bei mehr Stufen steigt das Verhältnis
schnell an.

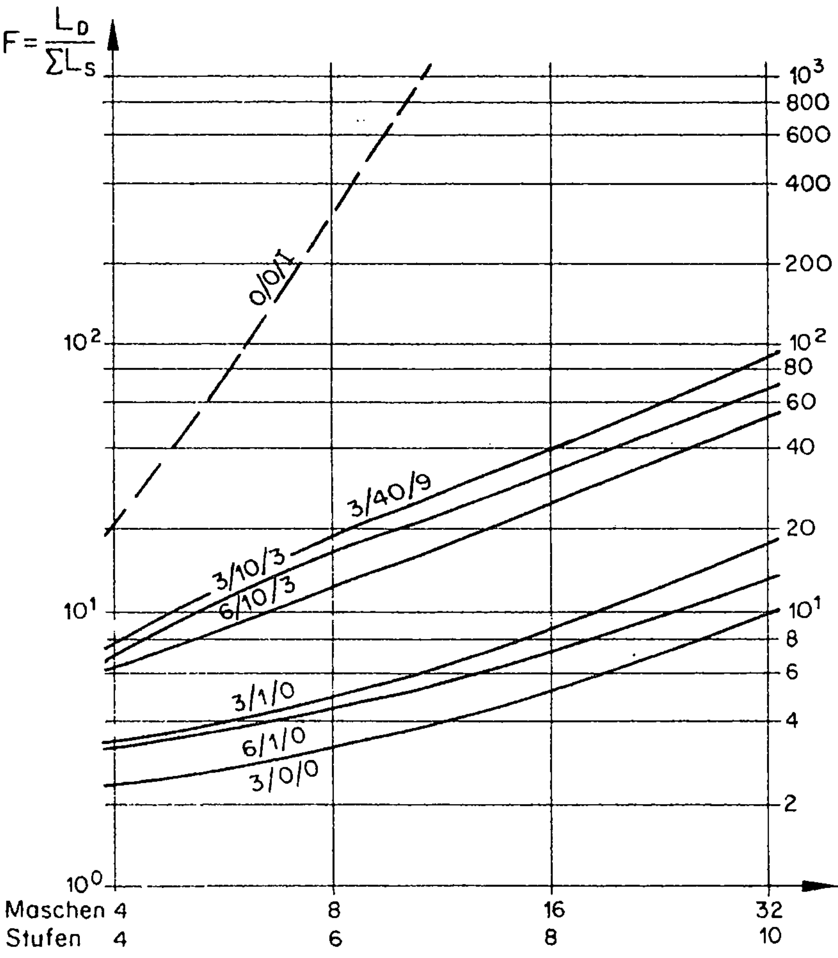

Fig. 3.06

Parameter: P/S/I

P Knotenvariable
S Seitenvariable
I Innere Var.
am Grundelement

3.2 Die Auflösung der linearen Gleichungssysteme

Die statischen Gleichungen des Tragwerks auf der obersten Stufe des Substrukturaufbaus haben die schematische Form

$$\begin{bmatrix} \underset{(N_F * N_F)}{F} & G^t \\ \hline \underset{(N_G * N_P)}{G} & O \end{bmatrix} \begin{bmatrix} p \\ u \end{bmatrix} + \begin{bmatrix} \bar{f} \\ \bar{g} \end{bmatrix} = O \qquad (3.050)$$

Wir klären zuerst die Beziehung dieser Gleichungen zu jenen der klassischen Kraftmethode der Statik (O. Mohr, H. Müller-Breslau ; dazu nehmen wir vereinfachend an, die Matrix G sei vom Rang N_G und so geordnet, dass in

$$G = \begin{bmatrix} \underset{(N_G * N_G)}{G_e} & \underset{(N_G * (N_F - N_G))}{G_n} \end{bmatrix}$$

die erste Matrix regulär sei. Unterteilt man den Rest der Matrix entsprechend, wird das Gleichungssystem zu

$$F_{ee}\, p_e + F_{en}\, p_n + G_e^t\, u + \bar{f}_e = O$$

$$F_{en}^t\, p_e + F_{nn}\, p_n + G_n^t\, u + \bar{f}_n = O \qquad (3.051)$$

$$G_e\, p_e + G_n\, p_n \qquad\qquad + \bar{g} = O$$

Daraus erhält man ein System der klassischen Kraftmethode durch Elimination von p_E und u ; die "überzähligen" Kraftgrössen sind die p_n , und die zugehörigen Gleichgewichtszustände sind durch

$$p_e = - G_e^{-1} (G_n p_n + \bar{g})$$

$$(3.052)$$

mitbestimmt

Praktisch verlangt dieses Vorgehen [20] eine Rangbestimmung
in der rechteckigen Matrix G , was nur durch einen Gauss-Jordan-
Algorithmus mit zweidimensionaler Pivotsuche zu machen ist. Man
stellt fest, dass die Bestimmung der Grundzustände, die in der
klassischen Statik durch intuitiven Ansatz erfolgt, bei automatischer Ausführung zum rechentechnisch schwierigsten Teil der
Auflösung wird. Für grosse Systeme ist deshalb ein Festhal-
ten an den Vorstellungen von Grundzustand und überzähligen
Zuständen wenig erfolgversprechend, wenn nicht eine direkte
Konstruktion oder Vorgabe dieser Zustände möglich ist.

Die Matrix F ist anschaulich die Flexibilitätsmatrix des Tragwerkes bei festgehaltenen Verschiebungsgrössen u - also bei
f e s t g e h a l t e n e n   H i l f s l a g e r n   in allen
Unterelementen des Tragwerks. Daraus folgt, dass F regulär
und von guter Kondition sein muss. (Eine kleine Störung kann
an einem so stark gelagerten Tragwerk nur eine kleine und eng
begrenzte Wirkung haben). Auf Grund dieser Einsicht könnte
man in (3.050) zuerst nach den Kraftgrössen p auflösen:

$$p = - F^{-1} (G^t u + \bar{f})$$

$$(3.053)$$

und hätte die Gleichungen

$$- (G F^{-1} G^t) u - G F^{-1} \bar{f} + \bar{g} = 0$$

für Verschiebungsgrössen:

$$Ku = R$$
$$K = GF^{-1}G^{\dagger}$$
$$R = -GF^{-1}\bar{f} + \bar{g}$$

(3.054)

Bei stabiler Lagerung des Tragwerks ist auch dieses System
positiv definit: Es ist das System der Deformationsmethode
für die Variablen u . Grundsätzlich könnte das System
(3.050) in diesen zwei Schritten ohne jede Komplikation durch
Pivotsuche aufgelöst werden.

Der eingesetzte Auflösungsalgorithmus lehnt sich eng an diesen
Lösungsweg an, ohne ihm ganz zu folgen. Erschwerend fällt ins
Gewicht, dass

- eine schematische Trennung von Kraft- und Verschiebungsvariablen eine oft vorhandene Bandstruktur zerstören würde und deshalb nicht zweckmässig
  ist

- neben Kräften mit Diagonalkoeffizienten > 0 durch
  Multiplikatorelemente auch solche auftreten können, die nur über Gleichgewichtsbedingungen mit
  anderen Kräften verknüpft sind, was u.U. die Definitheit der Matrizen F und/oder K in Frage
  stellt

- im allgemeinen Fall der Teilelimination an Substrukturen eine Hilfslagerung durch den Auflösungs-
  prozess selbst erfolgen muss.

Trotz diesen Komplikationen ist es möglich, die Gleichungen
im Rahmen m e h r s t u f i g e r Substrukturanalyse mit
nur teilweiser diagonaler (eindimensionaler) Pivotsuche zu-

verlässig aufzulösen. Ein Grund dafür ist, dass die Art der
Diskretisation Variablen ausschliesst, die n u r über neben-
diagonale Gleichungen bestimmbar sind; solche Fälle sind Anzeichen von Diskretisationsfehlern und/oder triviale isolierte
Gleichungen.

3.21 Die Partition der Substrukturmatrizen

Die Grösse der Substrukturmatrizen (3.025) ist bei regelmässigen Tragwerken bestimmt durch die Forderung nach grösstmögli-
cher Einsparung durch Repetition. Die optimale Substruktur-
abstufung ist bei grösseren Problemen nicht immer intuitiv
feststellbar; die Grundlagen für Vergleiche sind in (3.14) angegeben. Oft ist N_S durch die Arbeitsmethodik festgelegt.
Bei den grösseren Beispielen zu dieser Arbeit hat sich ein
schrittweises Vorgehen mit Substrukturen von 100 bis höchstens
600 Variablen bewährt, wobei jede Substruktur vor ihrer weiteren Verwendung einzeln (als Tragwerk) gelagert und geprüft
wurde. Dadurch gelingt es, Datenfehler an leicht überblickba-
ren Tests schon auf unterer Stufe zu isolieren - ein nicht
unwichtiger Vorteil einer Substrukturtechnik. In jedem Falle
sind die Substrukturmatrizen zu gross, um im direkt adressierbaren Kernspeicher heutiger Rechenanlagen unzerlegt unterge-
bracht zu werden.

Für die Zerlegung stehen mehrere Möglichkeiten zur Wahl:

- Blockpartition

- Streifenpartition bei Bandmatrizen

- Elementweise Speicherung nichtverschwindender
  Elemente.

Die letzte Variante ist bei spärlich besetzten Matrizen inte-
ressant im Zusammenhang mit einer besonderen Auflösungstech-
nik (Frontal Solution [34]), die darauf abzielt, die Zahl
der nichtverschwindenden Elemente auch während der Auflösung

klein zu halten. In unserem Falle ist diese Technik unwirksam, weil schon die Grundelemente zu relativ dicht besetzten Bereichen der Matrix Anlass geben. Auch die Voraussetzung einer Bandstruktur trifft die Bedürfnisse einer mehrstufigen Substrukturtechnik schlecht; eine solche ist zwar gegeben bei Tragwerken, die im Grossen eindimensional sind; dann führt die Substrukturtechnik aber immer zu einer Block - Bandstruktur, die auch auf der Basis allgemeiner Blockpartition ausgenützt werden kann. An regelmässigen Tragwerken, die im Grossen zweidimensional sind, rechnet man oft am besten mit kleinen, voll besetzten Matrizen und wählt die Zahl der Stufen gross, um alle Repetitionen auszunützen. Unsere Wahl fällt somit auf eine Blockpartition (Fig. 3.04). Die Partitionsgrössen N_1, N_2...

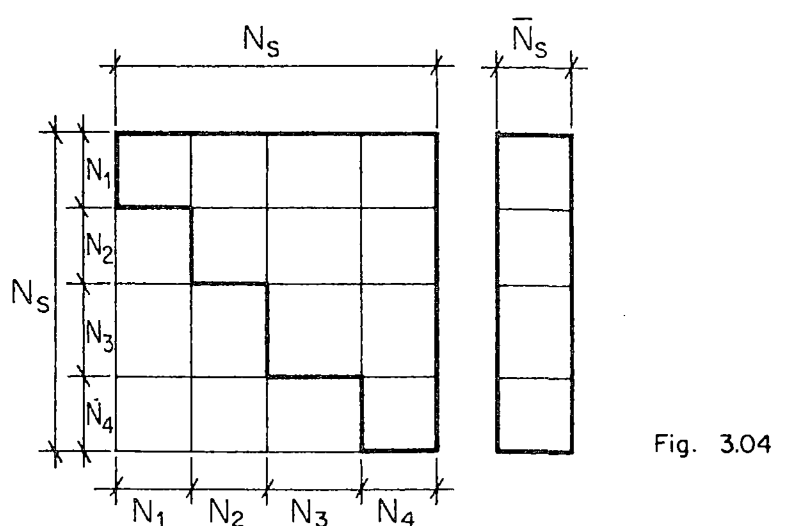

Fig. 3.04

wird man bei Block-Bandstruktur so anpassen, dass die Blöcke ein möglichst enges Band bilden und Blöcke mit wenig Elementen vermieden werden.

3.22 Die Elimination in einem Diagonalblock

Der Gauss'sche Algorithmus für die Bildung der Zerlegung (2.014)
ist eine einfache Verallgemeinerung des bekannten Rechenganges
bei der vollständigen Auflösung von linearen Gleichungen, wie
er in jedem Lehrbuch der numerischen Mathematik beschrieben
wird [29]. An einem Diagonalblock

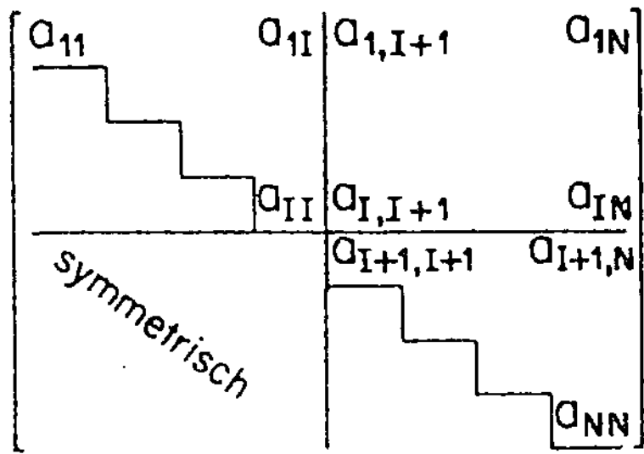

wird die Zerlegung

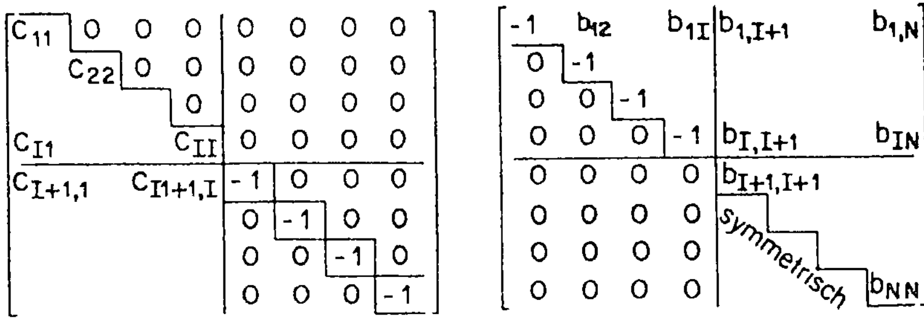

mit Pivotsuche in der Diagonale hergestellt. Den Zwischenzu-
stand nach dem Schritt K veranschaulicht schematisch

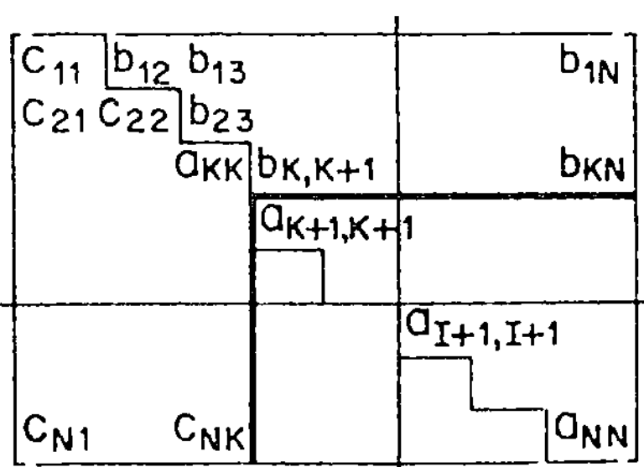

Der nächste Schritt umfasst folgende Operationen:

- Suche eines geeigneten Pivots in der Diagonalen
  der Restmatrix $a_{K+1,K+1} \ldots a_{II}$
  "Geeignet" ist ein Pivot, wenn er nicht 0 ist.
  N u m e r i s c h ist 0 für einen Diagonalkoeffizienten a_{JJ} ein Intervall$\pm$EPS um den Null-
  punkt. Einzelheiten dazu werden am Ende dieses Ab-
  schnittes angegeben. Die Pivotsuche geht n i c h t
  darauf aus, den jeweils maximalen verfügbaren Pivot
  zu finden; vielmehr soll die Zahl der Umordnungen -
  welche die Operation verzögern - möglichst klein
  gehalten werden, bei Vermeidung untragbarer Stellenverluste wegen Division durch "fast Null".

- Zeilen- und Spaltenvertauschung, so dass der ge-
  fundene Pivot an die Stelle $(K+1, K+1)$ gelangt.
  Für die Spalte $(K+1)$ ist

$$C_{J,K+1} \leftarrow a_{K+1,J} \qquad (J = (K+1) \div N)$$

Die Zeile $(K+1)$ ist

$$b_{K+1,J} \leftarrow -\frac{C_{J,K+1}}{C_{K+1,K+1}} \qquad (J = (K+2) \div N) \tag{3.062}$$

- Eliminationsbeiträge an den verbleibenden a-Bereich
  der Matrix, nach der Regel

$$a_{JM} \leftarrow a_{JM} + C_{J,K+1} * b_{K+1,M}$$

$$(J = K+2 \div N \tag{3.063}$$
$$M = J \div N)$$

Damit ist der Schritt $K+1$ abgeschlossen. Die ganze Zerlegung
ist abgeschlossen, wenn

- entweder alle I Inneren Variabeln eliminiert sind

- oder wenn kein tauglicher Pivot mehr gefunden werden kann. Hatte der letzte ausgeführte Schritt die Nummer K, so ist neu $I \Leftarrow K$ zu setzen; die Variabeln (K+1) bis I (alt) werden zu äusseren.

Zum Schluss sind die vorgenommenen Umordnungen rückgängig zu machen oder in geeigneter Weise zu "merken".

Wir haben der Beschreibung die begrifflich einfachste Form des Algorithmus zugrundegelegt. Die rechentechnisch effektivste Organisation hängt von technischen Gegebenheiten der Programmsprache und des Rechners ab. Es lohnt sich, diese Frage bei der Programmierung sorgfältig abzuklären, weil der Eliminationsvorgang bei mittleren und grossen Problemene den Löwenanteil der Rechenkosten verursacht.

Die Grösse EPS (relative Null) ist gegeben durch

$$EPS_{JJ} = U \cdot G_{JJ} \cdot S \qquad (3.064)$$

D e r   R u n d u n g s f e h l e r   a n   d e r   E i n h e i t U ist eine maschinenabhängige Grösse. Bei rundender Gleitkommaarithmetik mit M binären Mantissenstellen ist er

$$2^{-(M+1)} = 10^{-0.301(M+1)}$$

G_{JJ} , die G r ö s s e n o r d n u n g   d e r   E i n f l u s s - g r ö s s e a_{JJ} hängt ab von Variabelntyp, ungefähren Dimensionen der Elemente und Elastizitätsmodul. Für ein Scheibenelement seien l_R, t_R die "Referenzdimensionen" in der Scheibenebene und quer dazu.

Eine Einflussgrösse bestimmt sich aus

$$a_{JJ} = \int_{Element} \sigma_J \epsilon_J \, dv$$

Sei z.B. q_J eine Kraft P an einer Scheibenkante. Dann ist

$$\sigma_J t_R l_R \sim P = 1$$

$$\sigma_J \sim \frac{1}{t_R l_R}$$

und daraus

$$a_{JJ} \sim \frac{1}{E t_R}$$

Mit Dimensionsbetrachtungen dieser Art findet man die Grössenordnungen

$$\frac{l_R^2}{100 \, t_R E} \qquad \text{für Spannungsflüsse an Scheiben}$$

$$\frac{1}{t_R E} \qquad \text{für Scheibenkräfte}$$

$$\frac{40}{l_R^2 \, t_R E} \qquad \text{für Momente an Scheiben}$$

$$\frac{12 \, \kappa^2}{t_R E} \qquad \text{für Querkräfte an Stabelementen}$$

$$\frac{12 \, \kappa^2}{l_R^2 \, t_R E} \qquad \text{für Momente an Stabelementen}$$

Die Verhältniszahl κ gibt das Verhältnis der Scheiben-Referenz-
länge (entspricht Stablänge) zur mittleren Stabhöhe an. Die
Grössenordnung von Einflussgrössen zu Verschiebungsvariablen
sind die reziproken Werte jener zugehöriger Kraftgrössen.

Als S i c h e r h e i t s a b s t a n d S zur Vermeidung
starker Stellenverluste hat sich bei den Beispielen zu dieser
Arbeit - in Verbindung mit den 48 binären Mantissenstellen der
CDC - 6000 - Computer - ein Faktor von 10^9 bis 10^{10} bewährt.

3.23 Bemerkungen zum Blockalgorithmus

An einer blockpartitionierten Matrix (Fig. 3.04) sind bei der
Auflösung a n d e n B l ö c k e n im Wesentlichen dieselben Operationen vorzunehmen, wie wir sie bei der elementaren
Gauss'schen Zerlegung für die Matrizenelemente zeigten, wobei
aber in jedem Block innere und äussere Variable auftreten
können. Die einzige grundsätzlich neue Frage betrifft die Wahl
der Pivotblöcke, beziehungsweise deren Reihenfolge. Man kann
leicht zeigen, dass eine v o l l s t ä n d i g e A u f l ö -
s u n g eines indefiniten Gleichungssystems mit Blockpartition auf Grund diagonaler, blockweiser Pivotsuche im allgemeinen nicht möglich ist; es lassen sich leicht Fälle angeben,
wo j e d e Blockreihenfolge Variabeln liefert, die aus technischen Gründen (wegen der Partition) nicht eliminiert werden können, trotzdem sie keineswegs linear abhängig sind.
(3.066) zeigt ein ganz einfaches Beispiel

$$
\left[\begin{array}{cc|cc}
1 & 0 & 0 & 1 \\
0 & 0 & 1 & 0 \\
\hline
0 & 1 & 1 & 0 \\
1 & 0 & 0 & 0
\end{array}\right]
\left[\begin{array}{c}
0 \\
1 \\
\hline
0 \\
1
\end{array}\right]
\tag{3.066}
$$

Im Rahmen der stufenweisen Substrukturlösung ist diese Tatsache
kein Anlass zur Besorgnis: nicht elminierbare Variable werden
durch die automatische Hilfslagerung der Substrukturen zu
äusseren Variabeln undefiniert und können in der nächsthöheren
Stufe eliminiert werden. Durch den Kontraktionseffekt der
Teilelimination kommen diese Variabeln in der höheren Stufe
so zu liegen, dass sie - lineare Unabhängigkeit vorausgesetzt -
in aller Regel eliminiert werden. In den zahlreichen Beispielen
zu dieser Arbeit ist kein einziger Fall aufgetreten, in dem
eine eliminierbare Variable aus technischen Gründen mehr als
zwei Stufen zu spät eliminiert worden wäre. Voraussetzung zu
diesem gutartigen Verhalten ist allerdings ein sachgemässer
Einbezug dieser "Hilfslagerungsvariabeln" in die Bezifferung
des Variablensatzes der übergeordneten Substruktur sowie eine
ausreichende Blockgrösse auf allen Stufen. In der höchsten Stufe muss eine vollständige Auflösung stattfinden. Das bedeutet,
dass die höchste Stufe keine Partition aufweisen darf: Nur in
einem einzelnen Block kann restlose Auflösung garantiert werden. Praktisch führt dies nicht zu einer Beschränkung der
Problemgrösse, ist man doch frei, über die Stufe des Tragwerks
hinaus Hilfsstufen zu definieren, die nur dem Abbau von Eliminationsrückständen dienen.

Unter diesen Umständen ist es nicht nötig, den Blockalgorithmus
mit einer Pivot-Block-Suche zu versehen. Als Hilfsmittel zur
Minimierung der Anzahl nichteliminierter Variablen kann ein
Suchvorgang verwendet werden, der die Blöcke in der Reihenfolge ihres - echten oder technischen-Rangabfalls wählt. Der
zusätzliche Rechenaufwand lohnt sich bei kleinen Substrukturen,
die anschliessend mehrfach repetiert werden.

3.3 BASAR (Basic Substructure Assembler)

Die numerischen Beispiele zu dieser Arbeit wurden mit Hilfe
eines Programms errechnet, das der Verfasser in der Zeit von
November 1968 bis August 1970 implementiert und über den
RZETH-Satelliten zur CDC - 6400 der FIDES ausgeprüft hat. Die
Produktion der Resultate wurde auf dem neuen CDC - 6400/6500 -
Zwillingssystem der ETH durchgeführt. Das Programm umfasst
in seiner jetzigen Fassung rund 10'000 Fortran-Instruktionen,
aufgeteilt in 220 Subroutinen. Die Beschreibung des Programms
ist nicht Gegenstand dieser Arbeit. Wir verweisen auf [1],
wo neben der Eingabekonvention des Programms eine technische
Beschreibung der Programmteile gegeben ist. Im folgenden seien
Zweck, Aufgabenstellung für die Programmierung und gegenwärtiger
Zustand des Programms kurz zusammengefasst.

Die Umsetzung der dargestellten Theorie in elektronische
Rechnung verlangte einen allgemeinen Substrukturassembler mit
folgenden Fähigkeiten:

- Aufbau von Substrukturmatrizen aus Elementen auf
  Grund beliebig definierter Variablengruppen.

- Bildung von Elementen höherer Stufe durch Teilelimination nach den inneren Variablen; automatische Umordnung nicht eliminierbarer innerer
  Variablen in eine Gruppe von äusseren Variablen
  des höheren Elements (automatische Hilfslagerung).

- Rückwärtseinsetzen in Substruktur"bäumen" beliebiger Tiefe und Breite.

Aus praktischen Gründen war die Möglichkeit der Unterbrechung
der Rechnung auf jeder Stufe des Strukturaufbaus vorzusehen,
bei voller Erhaltung der Information für spätere Fortsetzung,
(einschliesslich vollständigem Rückwärtseinsetzen). Das bedeutet, dass die gesamte Informationsmenge von Fig. 3.03 auf einen

permanenten Datenträger gerettet wird. Eine vorteilhafte
N e b e n w i r k u n g dieser Fähigkeit des Programms
ist die Möglichkeit, ohne Programmänderung mit beliebigen
Elementmatrizen zu rechnen, indem diese im Format der Zwischenresultate unabhängig erzeugt und eingegeben werden. Auf
diese Weise kann BASAR für jede Art von Finite-Element-Analyse
verwendet werden; die Auflösungsroutinen sind ohnehin auf den
allgemeinsten Fall zugeschnitten, der bei linearen Problemen
auftreten kann. Die E i n g a b e k o n v e n t i o n wurde auf den Fall vielstufiger, stark repetitiver Substrukturtechnik ausgerichtet; in solchen Fällen ist eine knappe und elegante
Problembeschreibung möglich. In anderen Fällen sollte die Ein-
gabe durch Programme erzeugt oder durch Editionsprogramme
aus bestehenden Datensätzen herausmodifiziert werden. Die
A u s g a b e von Resultaten ist grundsätzlich selektiv; die
Rekursion wird nur auf jenen Linien des Baumes (Fig. 3.03)
ausgeführt, die verlangt werden (siehe 3.031). Für die Gleich-
gewichts-Scheibenelemente (2) können die Randspannungen direkt
graphisch dargestellt werden. Die Resultate von Substrukturen
(oder von aussen eingegebenen Elementen) werden in Tabellenform
ausgedruckt oder zur Weiterverarbeitung durch Anschlusspro-
gramme bereitgestellt.

Den Q u a l i t ä t s f o r d e r u n g e n an das Programm
wurde die folgende Prioritätsordnung zugrundegelegt:

      1 Allgemeinheit
      2 Zuverlässigkeit
      3 Maschinenabhängigkeit und leichte Modifizierbarkeit
      4 Effektivität

Die A l l g e m e i n h e i t des Substrukturassemblers wurde möglich durch die Anwendung der Prinzipien von (3.13):

      - Baumstrukturen
      - Stack-Prinzip

Die Kapazität des Programms (maximale Problemgrösse) hängt nur
von der Grösse der sekundären Speichermedien ab. Die Grösse
einer einzelnen Substruktur ist auf 1'000 Variable begrenzt.
Die Z u v e r l ä s s i g k e i t wurde durch ungewöhnlich
starke Kontrollen angestrebt. Eingabedaten und innere Zwischenresultate haben immer eine gewisse Redundanz; das Programm ist
in 11 weitgehend unabhängige Teile gekammert, die alle einge-
henden Informationen vorerst abtesten, unabhängig von deren
Herkunft (Zwischenresultate oder äussere Daten). Gegen innere
Ueberschreibungen durch Kapazitätsüberschreitungen besteht
ein vollständiger Schutz.

Der M a s c h i n e n u n a b h ä n g i g k e i t dienen
folgende Massnahmen: Als Programmsprache wurde eine eng
begrenzte Teilmenge von FORTRAN verwendet, die den ASA-Stand-
arts [35] entspricht und von den Compilern der 3 grossen Compu-
terkonzerne anstandlos verarbeitet wird. Alle maschinenabhängi-
gen Informationen (Wortlänge, Rundungsfehler, I/O-Kanäle etc.)
wurden an einer Stelle konzentriert. Input, Output und interne
Transporte werden über einen kleinen Satz maschinenabhängiger
Unterprogramme abgewickelt, die bei Umstellung auf andere Computer als einzige geändert werden müssten. Es hat sich heraus-
gestellt, dass physikalisches Ueberschreiben auf sekundären
Speichermedien (Rewrite in Place) nicht von allen Betriebs-
systemen oder Fortranversionen heutiger Computer ermöglicht
wird. Deshalb wurde die Blockoperation des Eliminationsalgo-
rithmus (im Sinne des konzentrierten Algorithmus, Gauss -
Banachiewicz) so organisiert, dass nur zwei Kopien der Substrukturmatrizen an die sekundären Speicher übermittelt werden.

Der Forderung nach l e i c h t e r M o d i f i z i e r -
b a r k e i t kommt der logisch einfache und modulare Bau
des Programms entgegen. Die Ausprüfung von Aenderungen an
Programmteilen wird durch die inneren Kontrollen an den
Zwischenresultaten erleichtert. Wo nicht andere Forderungen
entgegenstanden, wurden die Funktionen so weit wie möglich
entflochten; leichter Lesbarkeit wurde Vorrang vor Eleganz
und Kürze der Codierung eingeräumt. Alle Teile des Programms
sind mit Kommentaren versehen.

Die E f f e k t i v i t ä t der Operation hängt fast aus-
schliesslich vom Eliminationsprozess ab; auf diesen konzentrierten sich bisher alle Anstrengungen zur Optimierung:

- Die Pivotsuche innerhalb der Blöcke und der Pivot-
  austausch wurden so organisiert, dass die natürli-
  che Reihenfolge der Elemente möglichst wenig durch-
  einandergeschüttelt wird. Die Operationen wurden
  so programmiert, dass ein guter Fortran-Compiler
  in der Lage ist, die verbleibenden Abschnitte
  natürlicher Reihenfolge ausnützen (Adressen-
  inkrementierung anstelle expliziter Adressen-
  berechnung). Bei ungestörter Reihenfolge werden
  zudem automatisch schnellere Routinen verwendet.

- Die Blocktransporte bei der Elimination werden parallel mit der arithmetischen Operation ausgeführt.

Im Zeitpunkt der Drucklegung dieser Arbeit hat BASAR 4 Monate
f e h l e r f r e i e r Operation hinter sich; es kann im
Bereich der Beispiele (4) als voll operationell bezeichnet
werden.

4. Anwendungen

Ausgangspunkt dieser Arbeit waren ursprünglich zwei Frage-
stellungen aus dem Stahlbrückenbau. Gesucht waren

- eine Abschätzung für die Grösse der Torsionslängsspannungen (Wölbspannungen) an Kasten-
  trägern mit einer fachwerkförmigen Scheibe
  (Windverband)

- Aussagen über die Zuverlässigkeit von Trägerrost-
  näherungen bei der statischen Berechnung ortho-
  troper Platten mit exzentrischem Deckblech.

Die erste Frage konnte in (4.3) für den praktisch interessan-
ten Bereich beantwortet werden. Die zweite Frage ergab sich
aus einer früheren Arbeit des Verfassers [1]. Sie ist in (4.4)
an einem Beispiel geprüft worden; für eine abschliessende
Antwort wären hier weitere Untersuchungen notwendig.

Neben diesen Hauptfragen dienen die Beispiele ur Prüfung
der Arbeitshypothese des ersten Abschnitts dieser Arbeit,
ist doch die behauptete besondere Eignung von G l e i c h -
g e w i c h t s e l e m e n t e n für den Bauingenieur bisher nicht geprüft worden; mit Ausnahme der früheren Schub-
feldansätze der Flugzeugstatik sind dem Verfasser keine
Finite - Element - Gleichgewichtsmethoden für zusammenge-
setzte kontinuierliche Tragwerke bekannt, die bis zur praktischen Brauchbarkeit entwickelt worden wären. Den praktischen
Beispielen gingen selbstverständlich Testbeispiele für die

---

[1] TINY; ein Programm für die Bestimmung von Einflussflächen
für die Querträgermomente prismatischer Trägerroste mit
seitlichen Auskragungen.
Institut für Baustatik und Stahlbau ETH, 1965 (unveröffent-
licht).

richtige Funktion der Programme voraus. Die grundsätzliche
Eignung des Elementansatzes (2.002) für die Lösung der Bipoten-
tialgleichung musste dagegen nicht mehr geprüft werden. Seit
1968 sind neben der Arbeit [6] des Verfassers mindestens 6
Veröffentlichungen mit vielen Beispielen zu diesem Thema
erschienen [7, 8, 10, 12, 13, 14]. A n d e r h e g g e n
hat in [43] - neben anderen Programmen - zwei FORTRAN -
Subroutinen für die Bestimmung von Elementmatrizen aus diesem Ansatz angegeben. Diese Unterprogramme sind als Grundlage
für die Scheibenelemente zu den Beispielen verwendet worden.
Sie haben sich als schnell und richtig erwiesen; Vergleiche
der Elementmatrizen mit jenen aus dem ALGOL - Programm zu
[6] ergaben Uebereinstimmung in allen 8 ausgedruckten Stellen.
Weitere Tests in Verbindung mit der Transformation auf Kraftvariable (4.11, 4.12) bestätigen die numerische Präzision. Der
Verfasser dankt an dieser Stelle Dr. E. Anderheggen für seine
sorgfältige Arbeit und die Ueberlassung des Kartendecks.

Eine allgemeine Bemerkung zur Präzision der numerischen Rechnung sei hier angebracht. Die Eingangsdaten und die Resultate
aller Beispiele dieser Arbeit sind 2½ bis dreistellige
Zahlen; an den Endresultaten werden mehr als 3 Stellen nur
ausnahmsweise wiedergegeben, wenn gezeigt werden soll, dass
die Rechnung bereits "zu genau" ist. Wir halten uns dabei an
das G a u s s ' sche Wort, wonach sich der Mangel an mathe-
matischer Bildung durch nichts so auffallend zu erkennen gebe
wie durch masslose Schärfe im Zahlenrechnen.

Daraus darf nun k e i n e s f a l l s geschlossen werden,
die Rechnung selbst könne mit so kleiner Stellenzahl abgewickelt werden. Im Verlaufe umfangreicher numerischer
Prozesse können sehr grosse Verschiebungen an der Anzahl
der bedeutsamen Ziffern auftreten. Ein banales Modell für
einen solchen Vorgang ist die Addition vieler positiver, ungenauer Zahlen, deren Fehler normal verteilt vorausgesetzt
seien. Dann steigt der mittlere Fehler an der Summe mit

der W u r z e l aus der Zahl der Summanden. Sei z.B. die
Grössenordnung der (positiven) Summanden 1. , der mittlere
Fehler der einzelnen Zahl .01 und die Zahl der Summanden
10000. Der mittlere Fehler an der Summe ist

$$m_s = 0.01 \; * \; \sqrt{10^4} = 1. \; :$$

und die Summe hat vier bedeutsame Ziffern, gegenüber 2 bei
den Summanden. Aus der Erfahrung mit Rechnern verschiedener
Stellenzahl lässt sich indirekt schliessen, dass an statischen Berechnungen im Bereich von N = 5000 Unbekannten bereits eine Verschiebung der relativen Genauigkeit um mehr
als 5 Zehnerpotenzen möglich ist. Weil die gewonnen Genauigkeit an den "differentiellen" Endresultaten (Spannungen)
durch kleine Differenzen grosser Zahlen wieder verloren geht,
entscheidet die Stellenzahl des eingesetzten Rechners darüber, ob man überhaupt Resultate bekommt.

Die nominelle Problemgrösse des letzten Beispiels (4.4) war
durch die Anwendung eines repetitiven Substrukturaufbaus mit
total 9 Stufen höher als 50000. Da sich keine Anzeichen numerischen Versagens zeigten, darf angenommen werden, dass das
vorgeschlagene Verfahren in Verbindung mit der 15-stelligen
Arithmetik der CDC - 6000 in praktisch genügend weiten Grenzen
numerisch brauchbar ist. Einschränkend muss dazu allerdings
gesagt werden, dass über die Auswirkung der vielen Repetitionen auf die Rundungsfehler nichts bekannt ist. Es ist denkbar,
dass bei unregelmässigen Tragwerken eine ungünstigere Situation
vorliegt.

4.1 Präzisionstests

4.11 Das allgemeine Viereckselement

Alle Beispiele dieser Arbeit stützen sich auf ein allgemeines
Vierecks-"Scheibenstück" nach der Theorie in (2.1). Die
Spannungsfunktion im Inneren wird über vier Dreieckselemente
mit gemeinsamer Spitze im Flächenschwerpunkt durch die Ansatzfunktion (2.002) aufgespannt. Auf dem äusseren Rand wird
auf Kraftgrössen (2.018) transformiert. Für die Schubspannung
ist sowohl der quadratische Verlauf (2.018a) wie der allgemeine kubische Ansatz (2.018) ausgeprüft worden; der zweite ist
allerdings ausser in den kleinen Beispielen 4.12 und 4.14 nie
zur Verwendung gelangt.

Für eine ausgedehntere Verwendung des Verfahrens an u n r e -
g e l m ä s s i g e n Tragwerken wäre es vom Standpunkt der
Rechenkosten empfehlenswert, aus den Dreiecks- und Viereckselementen von [43] weitere, grössere Scheibenstücke aufzubauen; wie wir zeigten, sollte der Uebergang zu Kraftgrössen
an den Rändern einfach zusammenhängender, aber möglichst grosser Scheibenstücke vorgenommen werden. Im Rahmen der hier
dargestellten Beispiele war dieser Gesichtspunkt nicht massgebend, weil ausnahmslos vielstufige repetitive Substrukturtechnik angewendet wurde.

Zur Prüfung der numerischen Präzision wurden verschiedene
Formen des allgemeinen Vierecks in ein lineares, integrier-
bares Spannungsfeld

$$\sigma_x = c_2 + c_3 x + d_3 y$$
$$\sigma_y = a_2 + a_3 x + b_3 y \tag{4.001}$$
$$\tau_{xy} = -b_2 - b_3 x - c_3 y$$

mit den zugeordneten Verschiebungen

$$u(x,y) = \frac{1}{E}\Big[(c_2 - \vartheta a_2)\,x - (1+\vartheta)\,b_2\,y$$
$$+ (c_3 - \vartheta a_3)\frac{x^2}{2}$$
$$+ (d_3 - \vartheta b_3)\,xy$$
$$- ((2+\vartheta)\,c_3 + a_3)\,\frac{y^2}{2}\Big]$$
$$+ u_0 + \omega y$$

$$v(x,y) = \frac{1}{E}\Big[(a_2 - \vartheta c_2)\,y - (1+\vartheta)\,b_2\,x$$
$$+ (b_3 - \vartheta d_3)\frac{y^2}{2}$$
$$+ (a_3 - \vartheta c_3)\,xy$$
$$- ((2+\vartheta)\,b_3 + d_3)\,\frac{x^2}{2}$$
$$+ v_0 - \omega x \tag{4.002}$$

eingebettet, dem das Element exakt folgen sollte. Weil die
Multiplikatorvariabeln speziell als Verschiebungsgrössen
zu Normalkraft, Querkraft und Moment einer Seite gewählt
waren, konnten in (2.023) die $\boldsymbol{v}_E$ einerseits mit (2.024)
direkt aus dem Verschiebungsfeld bestimmt, andererseits aus
der rechten Seite gebildet werden. Die Polynome von höchstens 5. Grad in (2.024) wurden durch die numerische Integrationsformel von Cotes mit den aequidistanten Stützwerten

$$\frac{7}{90}\;,\;\frac{32}{90}\;,\;\frac{12}{90}\;,\;\frac{32}{90}\;,\;\frac{7}{90}$$

ohne Approximationsfehler ausgewertet.

Der Test wurde durch Z i e h e n v o n Z u f a l l s -
z a h l e n für die Koordination der Eckpunkte des Vierecks
und die Koeffizienten des elastischen Felds automatisch über
eine grosse Zahl von Beispielen erstreckt. Als Fehlermass
wurde die relative Länge des Residienvektors in (2.035) eingeführt. Sie lag - mit rund 14.5-stelliger Arithmetik - bei
10^{-12} für quadratähnliche Formen und erreichte 10^{-10} bei einer
extremen Form mit einem Streckungsverhältnis am spitzesten
Teildreieck von

$$\frac{\text{Umkreisradius}}{\text{Inkreisradius}} \sim 20$$

Der Stellenverlust von $2\frac{1}{2}$ dezimalen Stellen in normalen
Fällen deutet darauf hin, dass die Interpolation über allgemeine Dreiecksbereiche mit Polynomen höheren als 5. Grades
numerische Klippen haben könnte.

4.12 Hoher Biegeträger

Ein Biegeträger von gedrungener Form (Fig. 4.01) und recht-
eckigem Querschnitt mit gleichmässig verteilter Belastung
und Balkenlagerung hat - bei entsprechender Verteilung der
Reaktionen über die Endquerschnitte - die ebene Spannungsver-
teilung [42].

$$\sigma_x = -\frac{3P}{4c^3}\left(x^2 y - \frac{2}{3}y^3\right)$$

$$\sigma_y = -\frac{3P}{4c^3}\left(\frac{1}{3}y^3 - c^2 y + \frac{2}{3}c^3\right) \tag{4.003}$$

$$\tau_{xy} = -\frac{3P}{4c^3}\left(c^2 - y^2\right)x$$

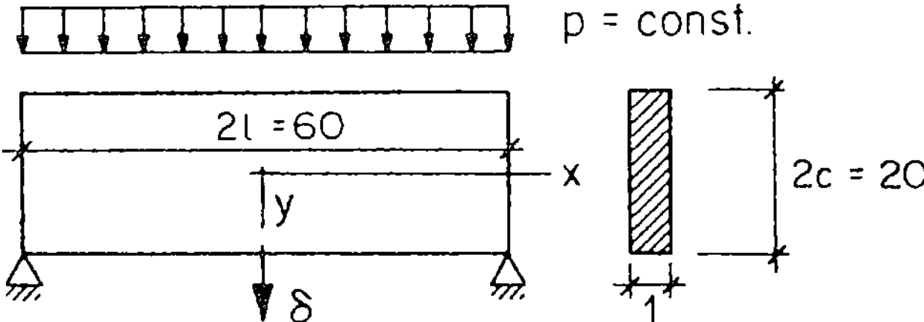

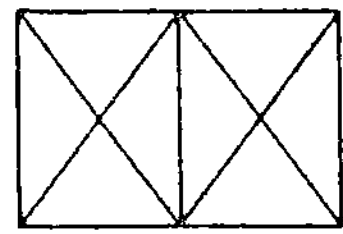

Rechtwinklige   Teilung
(exakt bis auf Rundungsfehler)

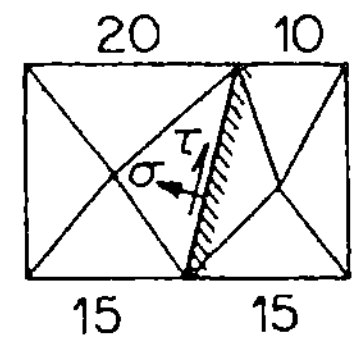

Schiefe Teilung , quadr. Schub

δ = 3.15230   num.
       3.15225   exakt

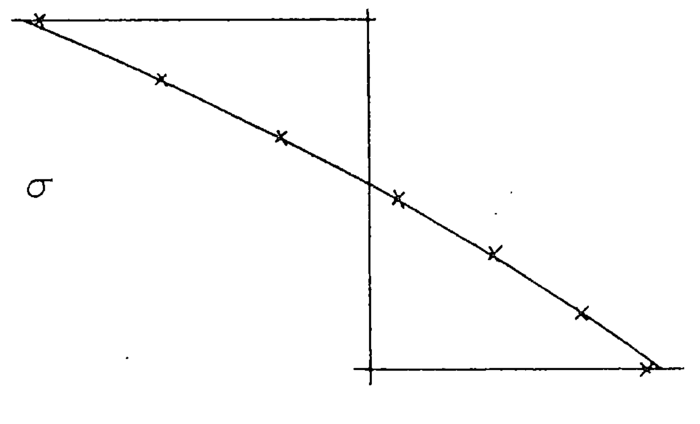

Num. x	Theorie —
-5.72	-5.89
-3.53	-3.48
-1.47	-1.40
0.41	0.41
2.11	2.02
3.57	3.51
4.77	4.95

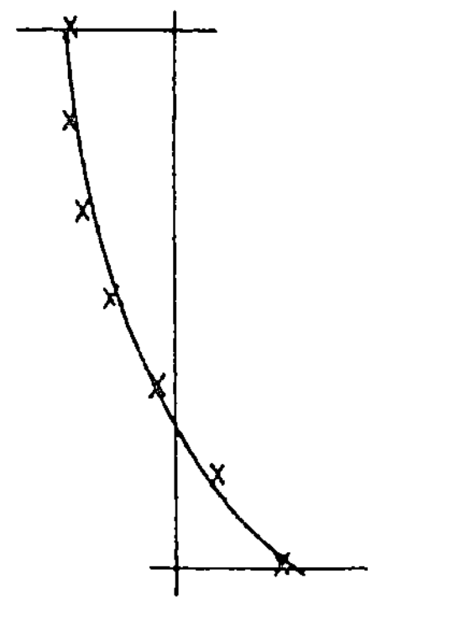

-1.18	-1.22
-1.18	-1.08
-1.02	-0.94
-0.71	-0.71
-0.23	-0.32
+0.40	0.31
1.19	1.24

Die Spannungen sind vom 3. Grad in x,y und werden durch
den Elementansatz (2.1) unabhängig von der Netzteilung
(im Rahmen der Rechengenauigkeit) e x a k t wiedergegeben,
ebenso die Verschiebungen, wobei natürlich deren Definition
(2.11) zu beachten ist.

Elemente mit quadratischem Schubspannungsansatz und recht-
eckiger Form sind ebenfalls in der Lage, dem Spannungsfeld
(4.001) exakt zu folgen; bei allgemeiner Teilung und quadra-
tischer Schubspannung muss dagegen ein Diskretisationsfehler
entstehen. Fig. (4.01) zeigt die Verhältnisse im schiefen
Schnitt zwischen den allgemeinen Viereckselementen.

4.13 Durchlaufender Plattenbalken

Statisches System, Abmessungen, Randbedingungen, sowie die
untersuchten Diskretisationen des Balkens gehen aus Fig. 4.02
hervor. Aus Symmetriegründen genügt es, einen Viertel eines
Feldes in die Rechnung einzubeziehen. Der Steg wurde in allen
Fällen ausser C durch Stabelemente (2.4) dargestellt.

Die Vergleichswerte wurden aus der Fourierreihenlösung von
·Metzer [41] für diesen Fall gewonnen. Man beachte, dass die
Lösung - im Gegensatz zur üblichen Annahme im Bauwesen -· für
$\tau = 0$ im Gurtquerschnitt über der Stütze gilt. Die Stütze
wirkt somit wie eine Einzellast auf den Querschnitt o h n e
Querscheibe. Eine solche Singularität ist numerisch in jedem
Falle mühsam zu erfassen; bei der Fourierreihenlösung waren
100 Glieder mitzunehmen, um im Einspannungsquerschnitt
Konvergenz auf 3 Stellen herbeizuführen. In der Finite-Element-
Lösung müssen an solchen Stellen unbedingt die lokalen Ueber-
kontinuitätsbedingungen berücksichtigt werden:

Die Dehnung der Rippe muss jener der Gurtung entsprechen

$$\sigma_r = \sigma_y - \nu \sigma_x \qquad (4.004)$$

ohne diese Bedingung würde - bei der Einspannung - erst
eine ausserordntlich feine Diskretisation eine ausreichende
Näherung liefern. Tab. (4.03) zeigt die Spannungen am Uebergang vom Steg zum Flansch für die Feldmitte und den Einspannquerschnitt. Bei den Teilungen D, E, F ist (4.004) exakt
eingeführt worden, bei A, B, C dagegen nicht.

Fig. 4.06 zeigt schliesslich Einzelheiten der Spannungsbilder
für die Plattenbalken - Substruktur, die als Ausgangspunkt
zu Beispiel 4.4 diente. Statisches System und Belastungen
für den Test entsprechen Fig. 4.02. Auch hier wurden die
Vergleichswerte nach [41] bestimmt. Nicht aufgezeichnete
Spannungen - insbesondere jene im Feldquerschnitt - stimmen
innerhalb der Zeichengenauigkeit mit der Reihenlösung überein. Die maximale Blechspannung im Feld ist z.B. - 0.8600
(Reihenlösung - 0.8591). Die massgebende Spannung in der
Rippenoberkante bei der Einspannung ist σ_r = 3.51 (Reihenlösung 3.42); die Abweichung beträgt 2.6 %. Da an der ortho-
tropen Platte (4.4) weniger starke Spannungsgradienten auftreten, können dort im Maximum dieselben Fehler erwartet
werden.

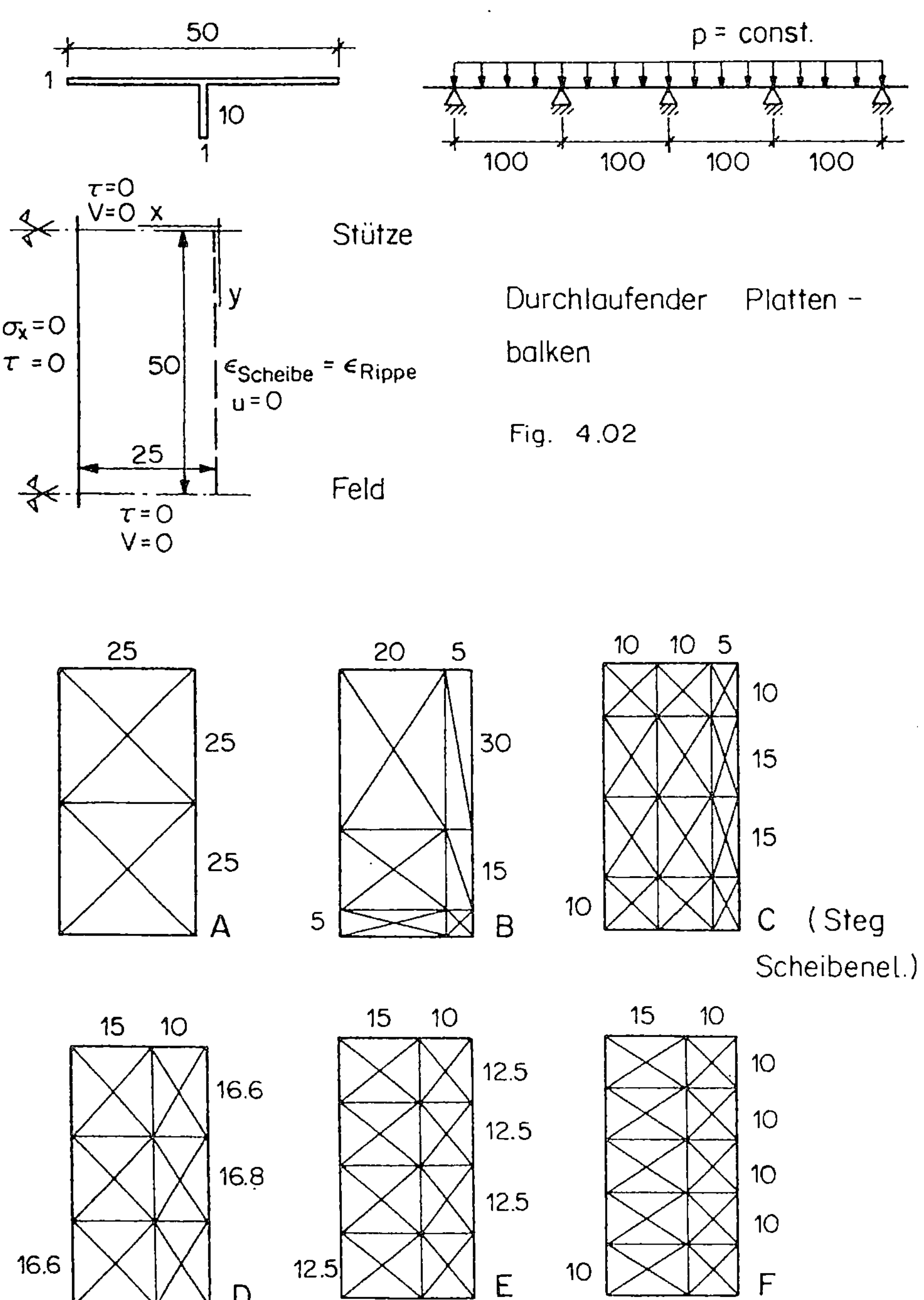

50
1
10
1
p = const.
100 100 100 100
τ=0
V=0 x
Stütze
y
σ_x=0
τ=0
50
ε_Scheibe = ε_Rippe
u=0
25
Feld
τ=0
V=0
Durchlaufender Platten-
balken
Fig. 4.02
25
25
25
A
20 5
30
15
5
B
10 10 5
10
15
15
10
C (Steg
Scheibenel.)
15 10
16.6
16.8
16.6
D
15 10
12.5
12.5
12.5
12.5
E
15 10
10
10
10
10
10
F

Tabelle 4.03	Durchlaufender Plattenbalken Feldquerschnitt				Spannungen an der Stegoberkannte Einspannquerschnitt			
	σ_y	σ_x	σ_r	$\sigma_y - \nu \sigma_x$	σ_y	σ_x	σ_r	$\sigma_y - \nu \sigma_x$
A	-2.67	0.84	-2.36	-2.92	5.8	-1.59	15.2	6.3
B	-2.51	0.76	-2.71	-2.74	8.9	-2.18	11.5	9.5
C	-2.51	0.74	-2.69	-2.73	7.7	-1.96	13.3	8.3
Teilung								
D	-2.42	0.77	-2.65	exakt	11.5	-1.37	11.9	exakt
E	-2.50	0.74	-2.73	$= \sigma_r$	10.84	-1.57	11.31	$= \sigma_r$
F	-2.5132	0.7434	-2.7362	durch Ueberkonti- nuität	10.51	-1.76	11.04	durch Ueberkonti- nuität
Fourier- Reihenlösung (100 Glieder)	-2.5134	0.7422	-2.7361		10.13	-2.42	10.86	

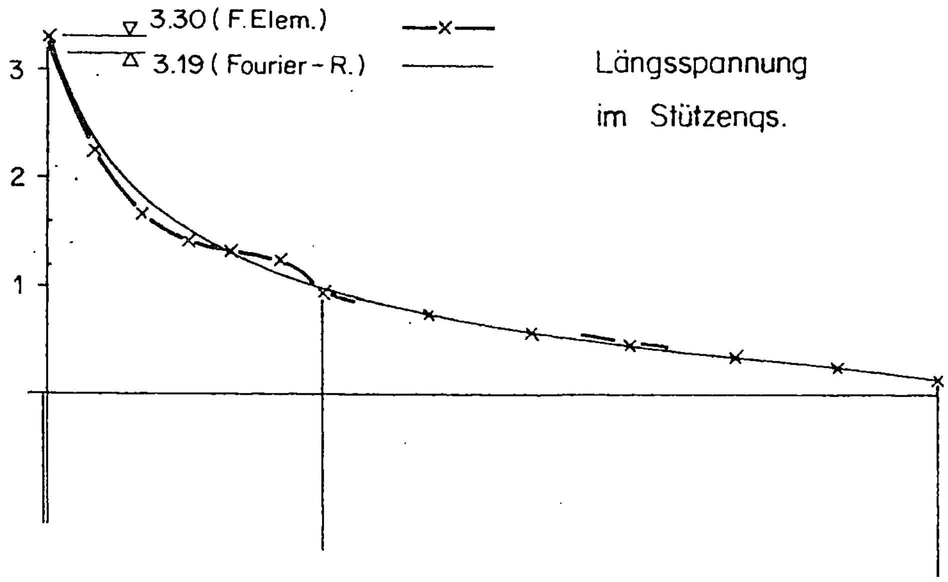

Fig. 4.06

Plattenbalken – Substruktur zu 4.4

(Einzeltest)

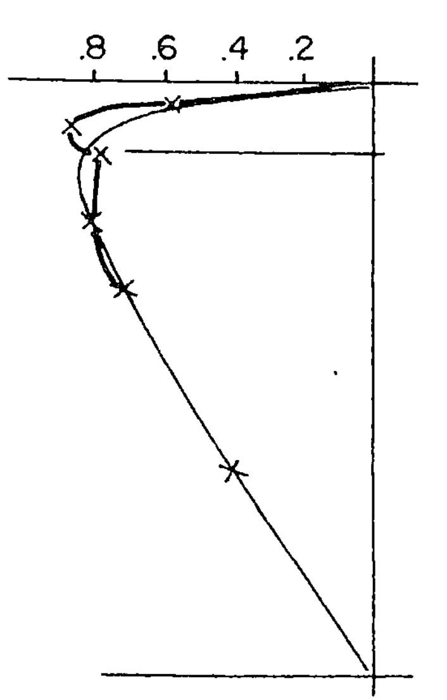

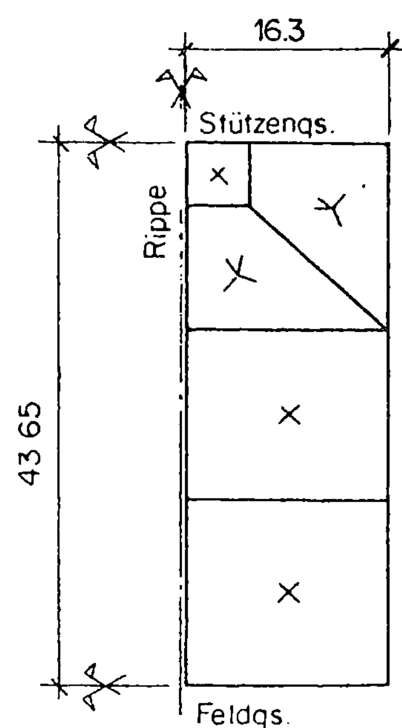

4.14 Gedrungener Stab starker Krümmung

Die Diskretisation gekrümmter Gebilde durch geradlinig begrenzte Elemente bedingt neben der Näherung für die Feldgrössen eine D i s k r e t i s a t i o n   d e s   G e b i e t e s . Mit Deformationsansätzen sind solche Näherungen üblich; die Resultate werden zwar ungenauer, fallen aber nicht aus dem Rahmen.

Gleichgewichtselemente sind in dieser Hinsicht weniger geeignet, indem die Randbedingungen an den   E c k e n ,   w e l c h e   d u r c h   D i s k r e t i s a t i o n   e n t - s t e h e n ,   eine Sonderbehandlung verlangen:

Routinemässiges Nullsetzen aller Randspannungen freier Ränder liefert an solchen Ecken einen homogenen Nullspannungszustand, der auch bei beliebiger Netzverfeinerung die Randfasern an der Mitwirkung hindert.

Als mögliche Auswege wurden drei Möglichkeiten für die Definition der Spannungs - Randbedingungen an solchen "Diskretisationsecken" geprüft:

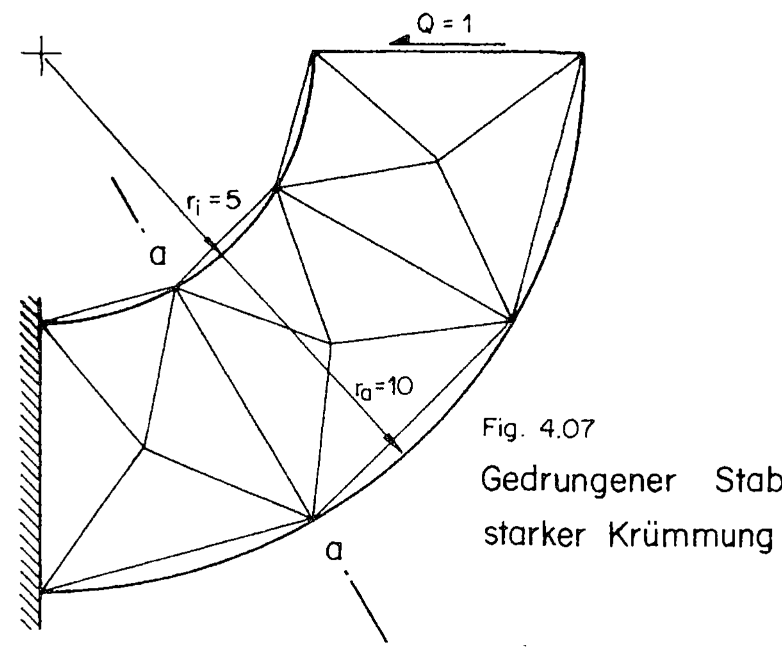

Fig. 4.07

Gedrungener Stab
starker Krümmung

Randbedingungen an Ecken infolge Gebietsdiskretisation	Schnitt a–a		
	σ_i	σ_a	τ_{max}
Keine besonderen Massnahmen ($\sigma_i = \sigma_{min}$, $\sigma_a = \sigma_{max}$)	(-0.828)	(0.649)	0.075
Einachsiger Spannungszustand (I)	-1.001	1.205	0.075
Hydrostatischer Spz. (II) τ quadratisch	-0.844	0.538	0.075
τ kubisch	-0.860	0.511	
Schubeinspannung (III)	-0.969	0.431	0.159
Exakte Lösung	-1.116	0.558	0.078

(I)   Voraussetzung einachsigen Spannungszustands in der
        Richtung der Randtangenten vor der Gebietsdiskreti-
        sation

(II)   Voraussetzung eines hydrostatischen Spannungszustands

(III)   Voraussetzung einer örtlichen Schubeinspannung in
        radialer und in Randrichtung des diskretisierten
        Gebiets.

Annahmen dieser Art sind durch ihre Willkürlichkeit der
Finite-Element-Technik (in der neueren Auffassung als Variante
des Ritz'schen Verfahrens) durchaus fremd. Die Resultate eines
Beispiels (Fig. 4.07) zeigen zudem, dass die erzielte Näherung
in Anbetracht des einfachen Problems und der relativ hohen Ordnung des Elementansatzes ungenügend ist[1]. Zur Behandlung solcher Fälle sollten Scheibenelemente mit gekrümmten Rändern und
stetigem Uebergang der Gebietstangenten des diskretisierten
Gebiets entwickelt werden.

4.2 Bauteile

4.21 Eine Rahmenecke

In [40] hat Dubas mit Hilfe des Knotenlastverfahrens[2] ein
Spannungsproblem an einer Rahmenecke aus einem Stockwerk-
rahmen untersucht. Da die Lösung in Handrechnung bestimmt
wurde, konnte nur ein kurzer Ansatzbereich der angeschlossenen Stäbe in die Rechnung einbezogen werden; im Prinzip wurde
angenommen, dass in den Stäben die Längsspannungen bis an
den Rand der Rahmenecke linear verteilt seien. Auf Grund des

[1] Exakte Lösung nach [42]
[2] Ein Mehrstellen-Differenzenverfahren der Fehlerordnung 4;
    vgl. 2.008

St. Venant'schen Prinzips sollte natürlich diese Annahme erst in einigem Abstand von der Stabkreuzung getroffen werden.

Mit Hilfe der Gleichgewichtselemente von Abschnitt (2) wurde die Anordnung von Fig. 4.21 in einer groben und einer feinen Teilung untersucht. Im Falle der feinen Teilung wurden alle Ueberkontinuitätsbedingungen zwischen Scheiben und Flanschen berücksichtigt, mit Ausnahme jener an den einspringenden Ecken. Hier liegt eine Besonderheit vor (Fig. 4.22), indem die gewählte Idealisierung für $\nu \neq 0$ einen eigentlichen Widerspruch hervorbringt:

Weil die Flanschen biegeweich vorausgesetzt sind, geht die Flanschspannung σ_r stetig durch den Knoten. Im Aeusseren der Rahmenecke herrscht ein Spannungszustand ohne Normalspannung quer zum Rand. Eine Gleichgewichtsbedingung in einer infinitesimalen Umgebung der einspringenden Ecke liefert somit

$$\sigma = \sigma_i$$

und die Kontinuität zwischen Flansch und Blech im Aeussern verlangt

$$\sigma = \sigma_r$$

Andererseits hat man im Innern die Kontinuitätsbedingung

$$\sigma_r = \sigma_i\,(1 - \nu)$$

mit $\nu = 0.3$ also z.B.

$$\sigma_i = 1.43\,\sigma_r$$

M
A = 37.5
t = 1
M
R = 39.9
(Krafteinleitungen durch starres Anschlussstück)
M
200
100
M
200
M
R = 37.5
σ = 1.0
M
M
(Krafteinleitung linear)
M

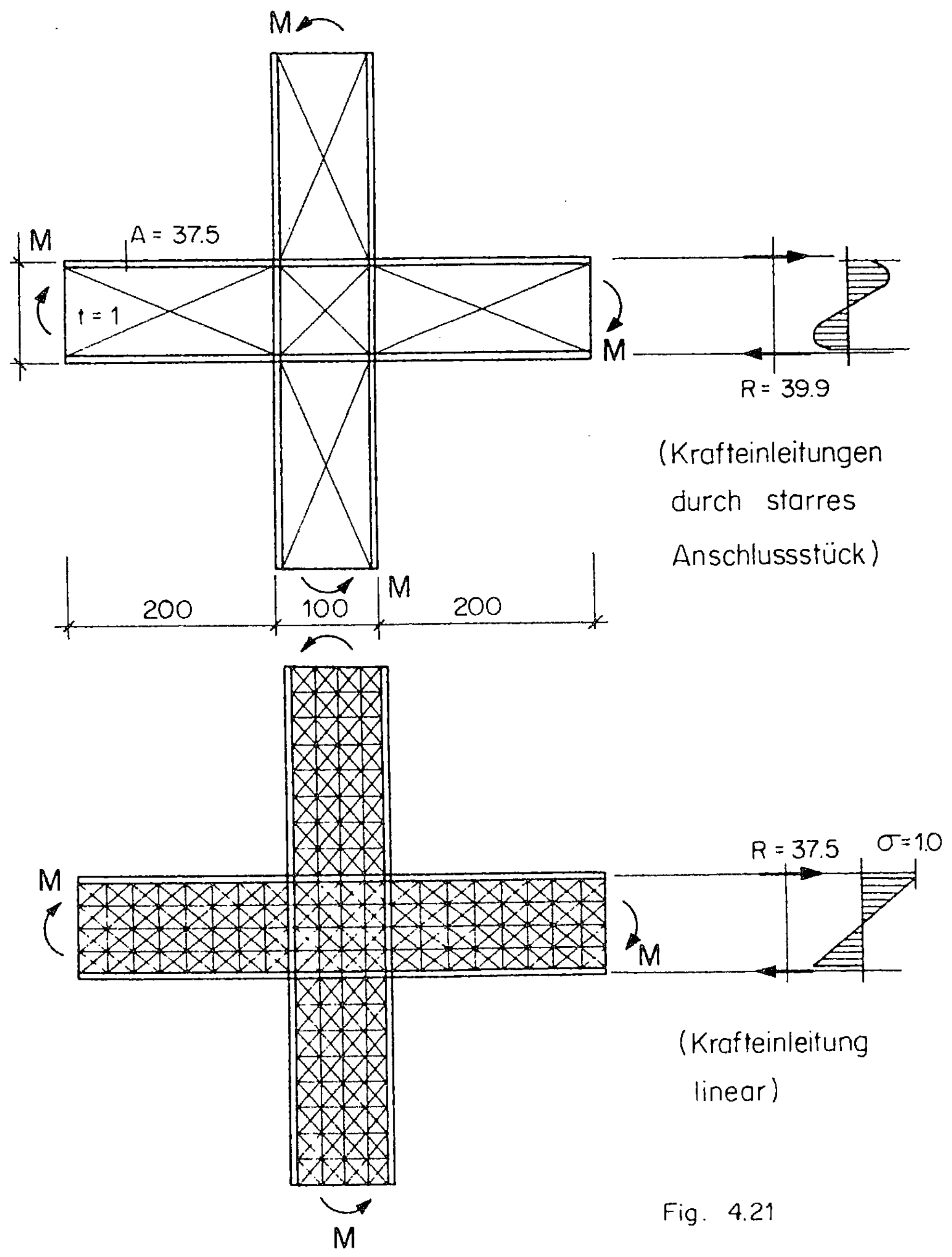

Fig. 4.21

Unser mechanisches Modell wird sich dem Widerspruch (in
einer exakten analytischen Lösung) dadurch entziehen, dass
die Schubspannungen im Eckbereich sehr hohe Werte annehmen.
Die wirkliche Rahmenecke wird sich an diesen Punkten auf
Grund des räumlichen Spannungszustands und der Möglichkeit
des Spannungsabbaus durch lokales Fliessen anders verhalten;
eine Voraussage ist schon deshalb aussichtslos, weil der
betrachtete Punkt an einer Kreuzungsstelle mehrerer Schweiss-
nähte liegt.

Die Resultate für die beiden Näherungen zeigt Fig. (4.23). Die
Querkontraktionszahl ist zu $\nu = 0.3$ angenommen; die Resultate
der feinen Teilung zeigen, dass der lokale Verträglichkeits-
widerspruch an der einspringenden Ecke gross ist und mit der
Feinerteilung sogar zunimmt, ist doch $1.43\sigma_r = 1.63$ (gegen
$\sigma_i = 0.811$).

Alle Spannungen sind ungeglättet aufgetragen; die Ueberkontinuitätsbedingungen gewährleisten zwar die Stetigkeit der Normalspannungen auch in Querrichtung, nicht aber deren glatten
Verlauf.

In der Praxis des Stahlbaus[1] wird der Bemessung von Bauteilen
aus Stahl unter statischer Belastung die Vergleichsspannung

$$\sigma_g = \sqrt{\sigma_x^2 + \sigma_y^2 - \sigma_x\,\sigma_y + 3\tau_{xy}^2}$$

zugrundegelegt; (σ_g = einachsige Fliessspannung ist die von
Mises'sche Fliessbedingung). Die Spannungen in rechteckigen
Rahmenecken werden in der Praxis auf Grund eines sehr ein-
fachen Gleichgewichtsmodells bestimmt, welches auf folgenden
Annahmen berucht [40]:

---

[1] SIA-Norm 161

- Die Schubspannungen am Rande des Blechs der Rahmenecke sind konstant

- die zusätzlichen Schubspannungen aus den Längsspannungen der Trägerstege sind parabolisch verteilt.

Diese Annahme liefert hier als massgebende Stelle die Mitte der Rahmenecke, mit einer Vergleichsspannung

$$\sigma_{go} = 2.60$$

Als nächste Näherung kann die Rechnung von Dubas [40] betrachtet werden; in Anbetracht der hohen Präzision des Knotenlastverfahrens ist auch dieses Modell praktisch ein Gleichgewichtsmodell; die Restkräfte im Sinne von (1.21) liegen nach Kontrollen unterhalb der Rechenschiebergenauigkeit. Dagegen ist die Verträglichkeit gegenüber den angeschlossenen Trägern in Normalrichtung ganz ausser acht gelassen worden. Auch hier ist die massgebende Stelle die Mitte, mit

$$\sigma_{g1} = 2.48$$

Die grobe Diskretisation von Fig. 4.21 liefert

$$\sigma_{g2} = 2.32$$

und die feine Teilung mit Berücksichtigung von Ueberkontinuitätsbedingungen

$$\sigma_{g3} = 2.30$$

In beiden Fällen war auch hier die Schubspannung in der Mitte massgebend; bei der feinen Teilung erreicht die Vergleichsspannung an den einspringenden Ecken aber bereits den Betrag

$$\sigma_{gE} = 2.25$$

Aus dem Verlauf der Schubspannungen im Schnitt a - a (Fig.
4.23b) und aus den vorangehenden Ueberlegungen zur Kontinuität
in diesem Bereich folgt sofort, dass jede weitere Verfeinerung der Diskretisation die Ecke als massgebend erbringen
würde, und dass die Vergleichsspannung (bei unverändertem
mechanischem Modell) beliebig hoch gesteigert werden kann.
Das heisst mit anderen Worten, dass an unserem mechanischen
Modell unter Einschluss von Plastizität ein elastoplastischer
Spannungsausgleich schon unter der Gebrauchslast eintritt,
nach der das Blech auf Grund der praktisch üblichen Annahmen
mit σ_{gO} bemessen wurde. Diese Tatsache ist als "Schlauheit
des Materials" altbekannt und wohl ein Hauptgrund dafür, dass
es überhaupt Stahl- (und Massiv-) bauten gibt, die noch nicht
eingestürzt sind.

Das Beispiel liefert eine ermutigende Bestätigung der Arbeitshypothese des ersten Abschnitts dieser Arbeit. Es zeigt sich,
dass schon die gröbste Näherung ein Gleichgewichtsmodell ist,
das - unter weiterhin bewusster Inanspruchnahme jener "Schlauheit des Materials" - eine bessere Materialausnützung erlaubt,
als die üblichen Handnäherungen. Es ist selbstverständlich nicht
der Sinn des vorgeschlagenen Verfahrens, solche einfache Fälle
elektronisch zu rechnen; es gibt aber Bauteile des Stahlbaus
mit allgemeineren Formen, welche die Auffindung geeigneter
Gleichgewichtsmodelle von Hand kaum gestatten, die aber den
hier entwickelten Elementen ohne weiteres zugänglich sind.

In (2.12) wurde auf den hohen Preis - in Variablen gemessen -
hingewiesen, der für Gleichgewichtsmodelle im Vergleich zu
verträglichen Elementen zu erbringen ist.

Dieser - in Verbindung mit der notwendigen Auflösung nicht-
definiter Gleichungssysteme - hat bisher eine eingehende
Prüfung der Gleichgewichtselemente verhindert. Nun ist zu
bedenken, dass die Zählung der Variabeln nach (2.12) auf
den Fall der Spannungsanalyse ausgerichtet ist, wo die
Elementteilung so weit getrieben wird, bis eine Annäherung an
die exakte Lösung des mechanischen Modells mit elastischem
Material erreicht wird.

Solche Lösungen sind für den Bauingenieur wertlos. Wenn aber
eine grobe Teilung ausreicht, kann ein Methodenvergleich
nur auf Grund direkter Gegenüberstellung durchgerechneter
Beispiele im Lichte der praktischen Brauchbarkeit und der
Rechenkosten stichhaltig sein.

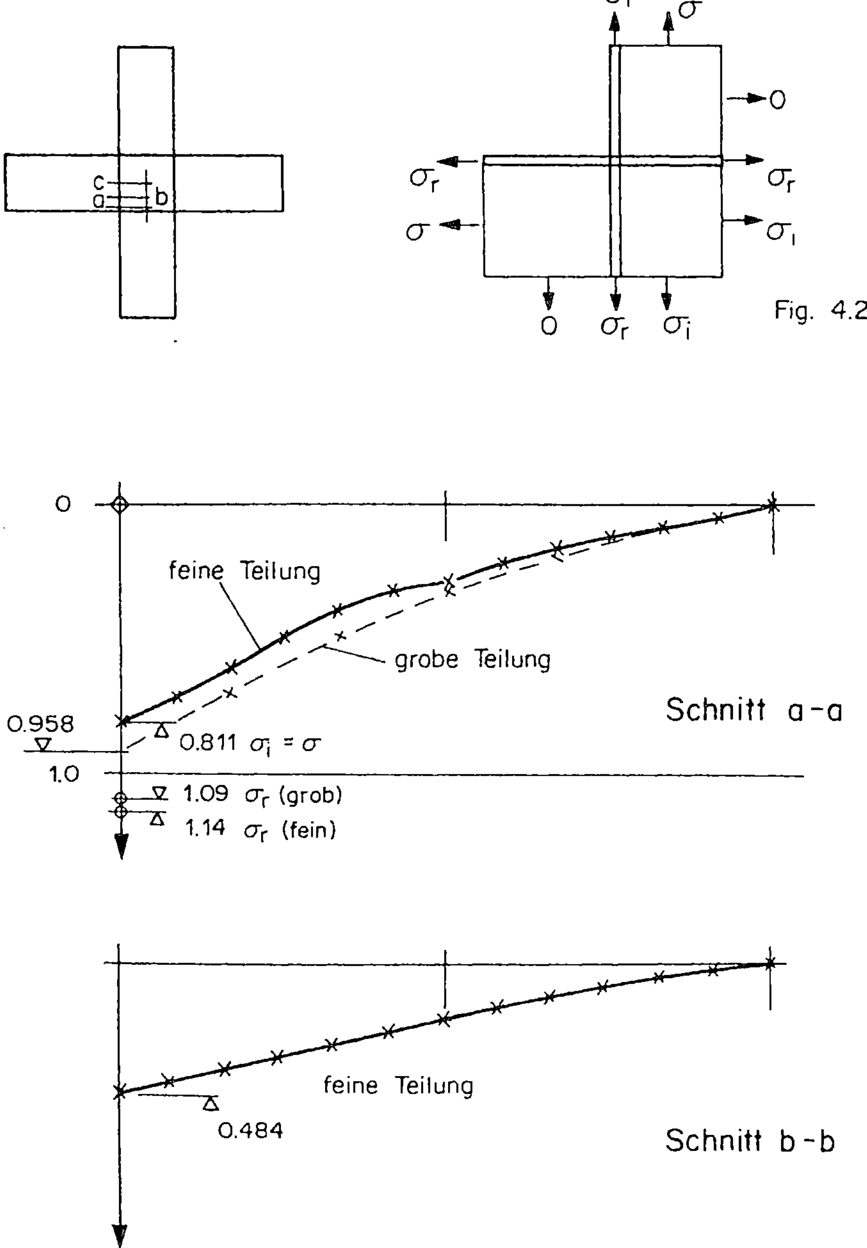

Fig. 4.23a   Normalspannungen

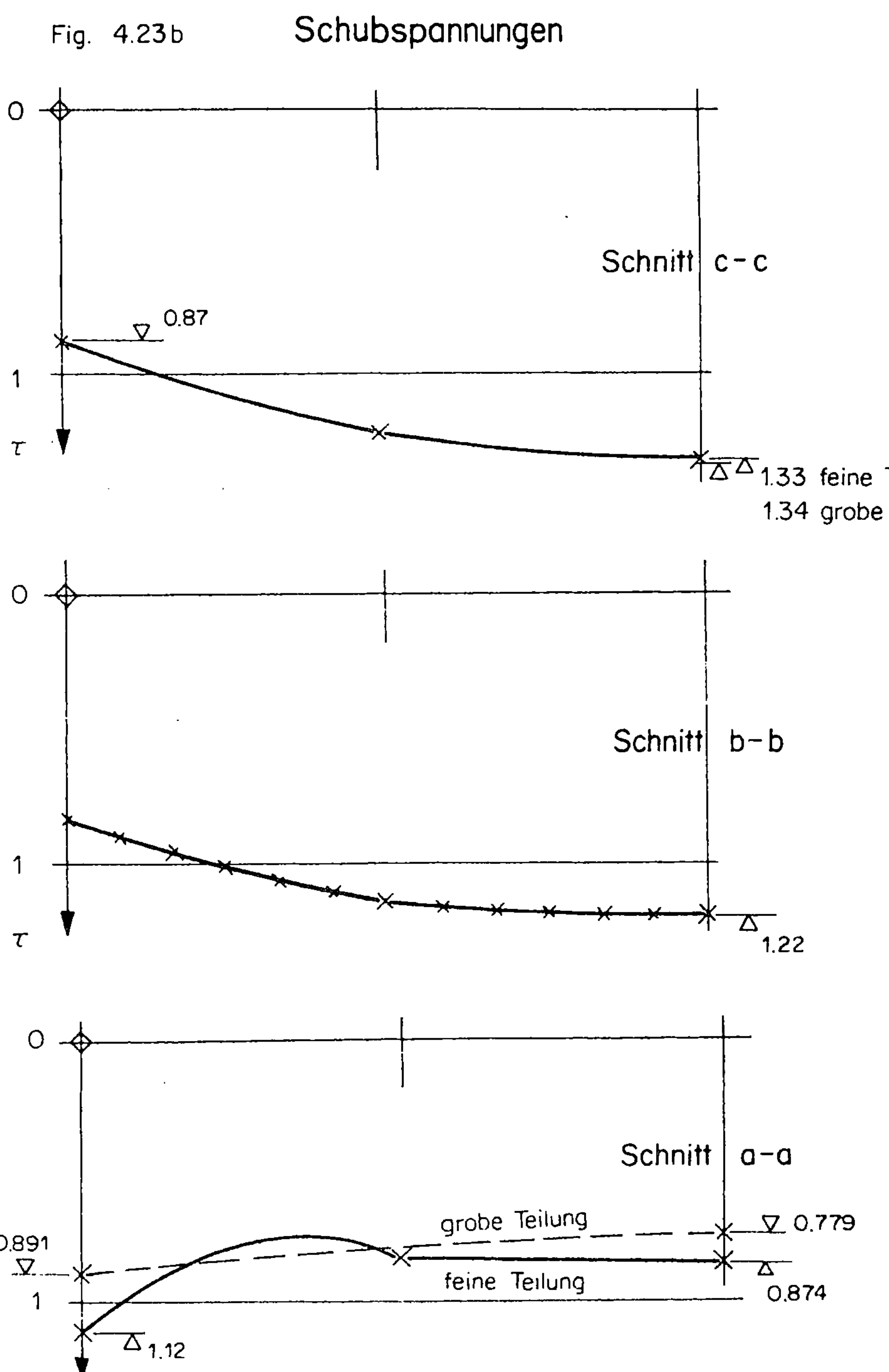

Fig. 4.23b
Schubspannungen
O
Schnitt c-c
0.87
1
τ
1.33 feine T.
1.34 grobe T.
O
Schnitt b-b
1
τ
1.22
O
Schnitt a-a
grobe Teilung
0.779
0.891
feine Teilung
1
0.874
1.12
τ

4.22 Untersuchung der Spannungen im Stützenbereich eines durchlaufenden Brückenhauptträgers

Es wurde ein Detail am Hauptträger des "Pont de la Madeleine" der N12 über die Saane bei Fribourg untersucht. Eine allgemeine technische Beschreibung dieses Verbundtragwerkes ist in [36] zu finden.

Aus den Konstruktionsplänen wurde das mechanische Modell von Fig. (4.25, 4.26) für den Stützenbereich des Hauptträgers mit Pfeilerquerscheibe abstrahiert. Es wurde ein Lastfall untersucht, der im Quersinn der Brücke symmetrisch ist. Die Wirkung der Fahrbahnplatte ist mit den Näherungen berücksichtigt, die auch der normalen statischen Berechnung zugrundeliegen. Insbesondere wurde starrer Verbund vorausgesetzt, der wirksame Modul des Betons mit n = 5 angenommen und die Fahrbahn als biegesteifes Stabelement eingeführt.

Die Wirkung des rautenförmigen Windverbandes in der Untergurtebene wird vernachlässigt. Eine Ueberlegung mit Kraftmethode zeigt, dass der Beitrag Q des Verbandes zur Kraft in der Untergurtebene (Fig. 4.27)

$$|Q| \; < \; \frac{48Z}{Al^2 \, tg^2\alpha} \; 2\,|P|$$

Mit

$$tg^2\alpha = 0.69 \qquad l = 712\,cm \qquad A = 425\,cm^2$$
$$Z \;\; = 25.6 * 10^3 cm^4$$

ist

$$\frac{|Q|}{2|P|} \; < \; 0.0083$$

Die kastenförmigen Beulsteifen wurden durch Flanschen gleicher
Fläche ersetzt.

Die Schnittkräfte am Rande des untersuchten Teilbereichs wurden der normalen statischen Berechnung (als Stab mit variablem
Trägheitsmoment) entnommen.

Einzelheiten der Diskretisation gehen aus Fig. (4.26) hervor.
Der Hauptträger wurde auf einer Länge bis zu den ersten ver-
tikalen Hauptbeulsteifen beiderseits der Stütze in die Rechnung einbezogen und in 6 Substrukturen unterteilt. Eine weitere Substruktur beschreibt die Hälfte der Querscheibe über dem
Pfeiler. Pro Substruktur wurde nach ca. 500 inneren Variablen
aufgelöst; die effektive Problemgrösse war 2000, die nominelle
3500. Selbstverständlich wäre eine zuverlässige Lösung der
Aufgabe mit viel kleinerem Aufwand möglich; darauf wurde in
diesem Fall verzichtet, um erste numerische Erfahrungen mit
Problemen einer praktischen Grössenordnung an einem leicht
überschaubaren Beispiel zu sammeln. Auch die numerisch ungünsti-
ge Lagerung als Kragarm (Fig. 4.25) wurde aus diesem Grunde
gewählt. Ueber die numerischen Erfahrung wird zusammenfassend
in (4.4) berichtet.

Fig. 4.28 zeigt die horizontalen Spannungen in einem Schnitt
in kleinem Abstand von der Stütze. In der Darstellung ist der
Unterschied zwischen den Blechspannungen und den Flanschspannungen zu beachten: Die eingeführten Uebergangsbedingungen
berücksichtigen neben den Gleichgewichtsbedingungen durch die
Elementränder zusätzlich die Ueberkontinuitätsbedingungen
(Fig. 4.29)

$$E\epsilon_r = \sigma_{xo} - \nu\sigma_{yo}$$
$$= \sigma_{xu} - \nu\sigma_{yu}$$
$$= \sigma_r$$

an den Elementecken. Eine parallele Rechnung ohne diese
(Fig. 4.30) zeigt nur geringe Abweichungen, was natürlich
der relativ feinen Diskretisation zuzuschreiben ist.

Fig. 4.28 zeigt zum Vergleich auch die Spannungen nach der
normalen Balkentheorie, mit und ohne Berücksichtigung eines
Abzugs am Stützenmoment infolge einer "Verteilung" des
Stützendrucks auf die Balkenaxe unter 30°, wie er in der
Praxis des Stahlbaus üblich ist. Eine Gleichgewichtsbetrach-
tung für einen Schnitt unmittelbar neben dem Auflager zeigt
allerdings, dass ein solcher Abzug der mechanischen Grundlage entbehrt: Das wirksame Moment in diesem Schnitt ist
das volle Balkenmoment. Für die Unterkante des Balkens sind
die Spannungen nach der Elastizitätstheorie sogar höher als
jene nach der Balkentheorie ohne Abzug.

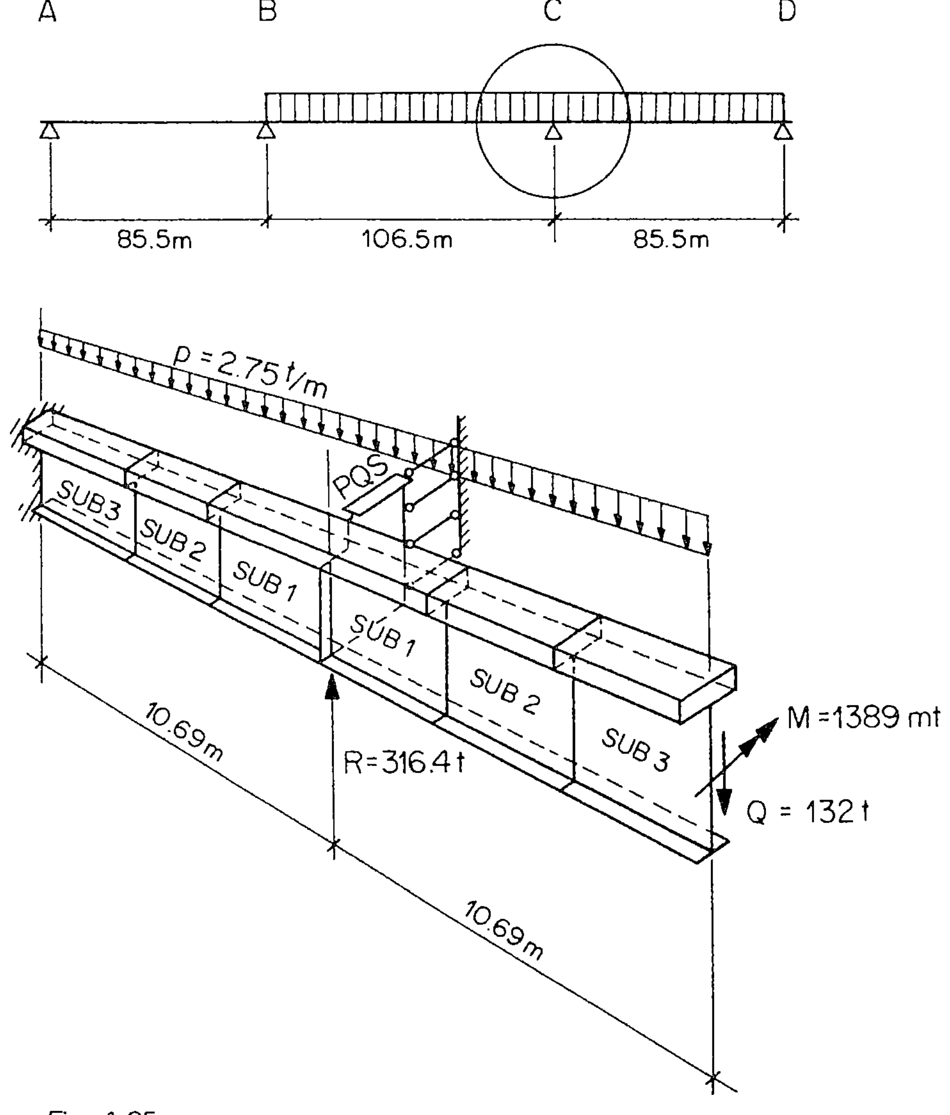

Fig. 4.25

Pont de la Madeleine , Stütze C
Statisches System , Belastungen , Substrukturen

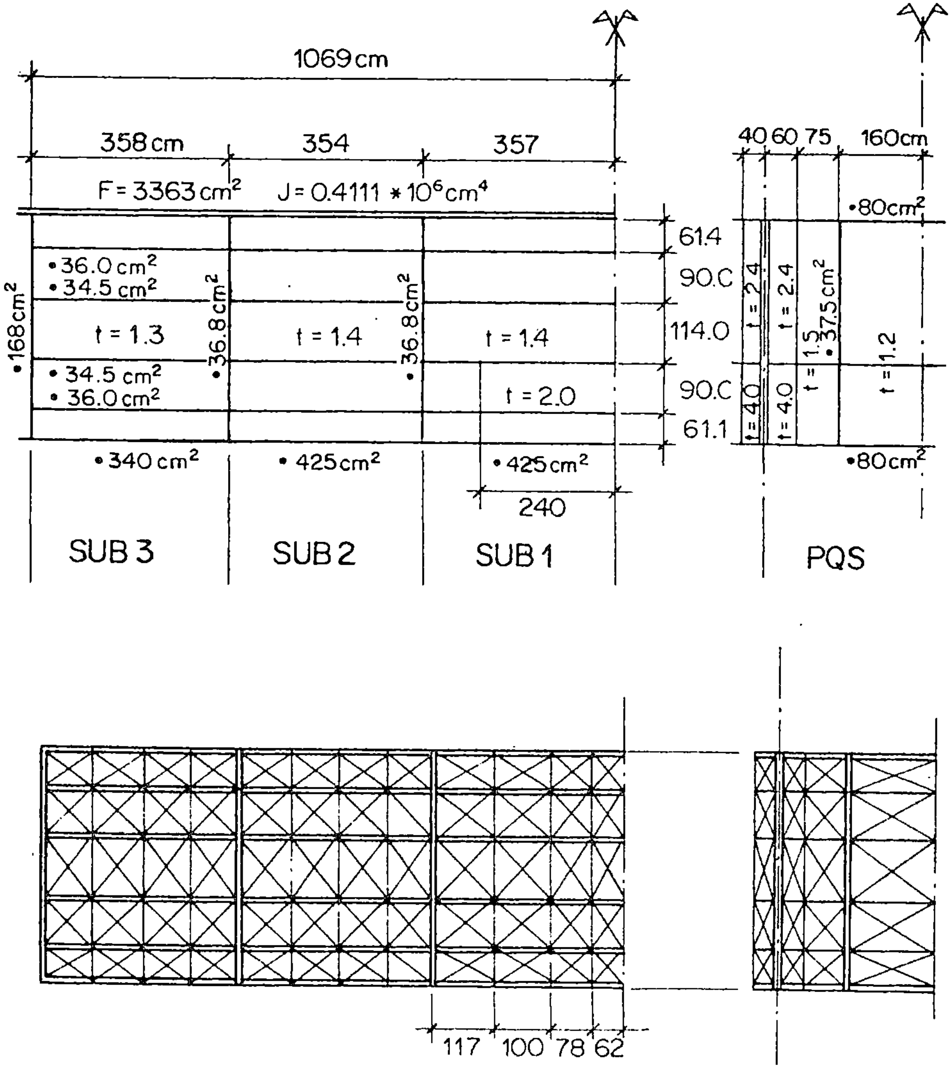

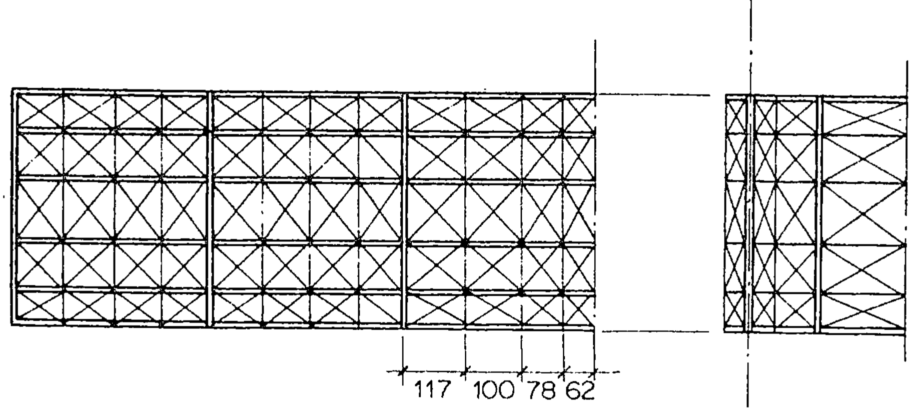

Pont de la Madeleine , Stütze C

Querschnittswerte und Diskretisation

Fig. 4.26

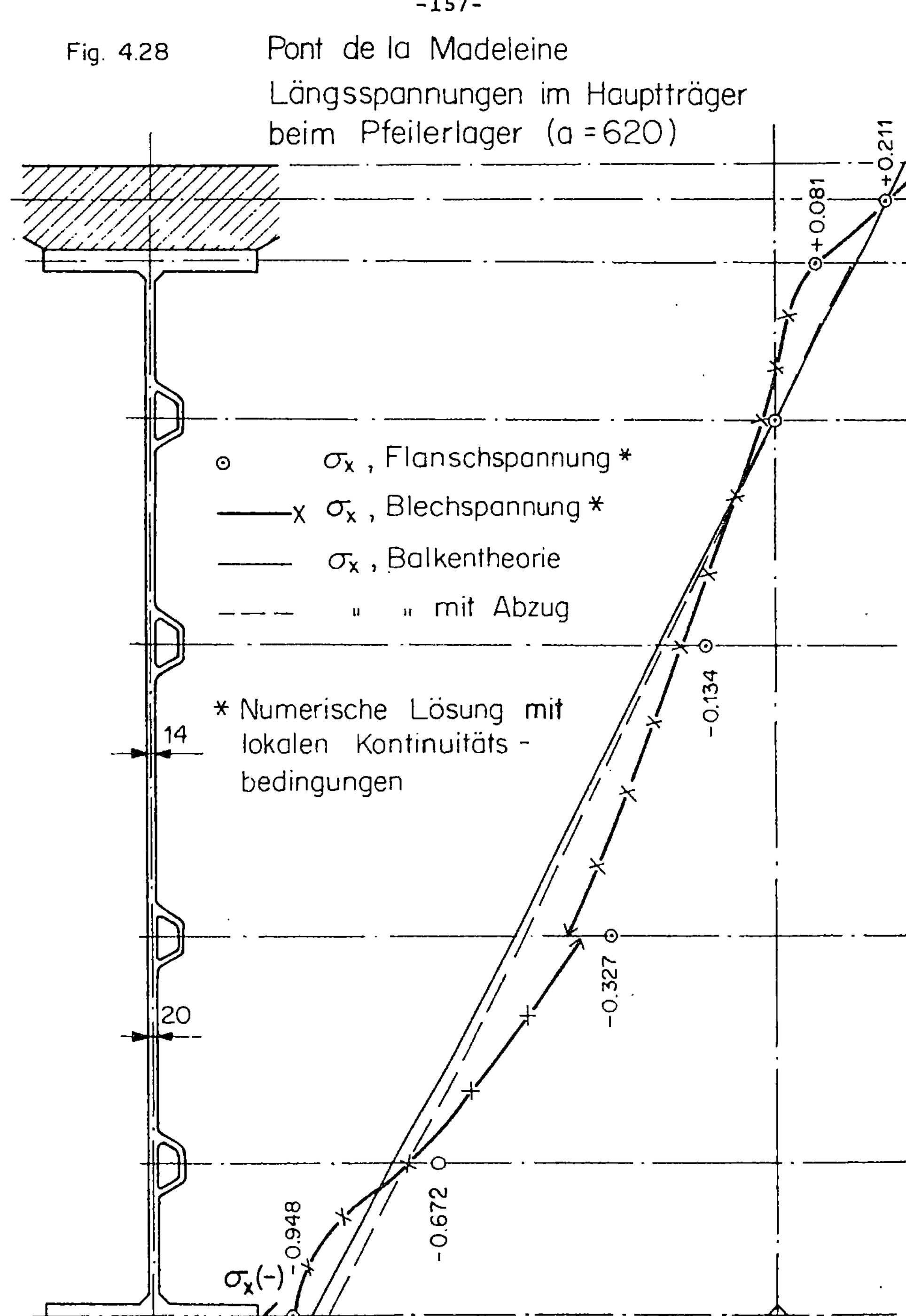

Fig. 4.28
Pont de la Madeleine
Längsspannungen im Hauptträger
beim Pfeilerlager (a = 620)
⊙   σₓ , Flanschspannung *
──× σₓ , Blechspannung *
─── σₓ , Balkentheorie
─ ─ ─ "   " mit Abzug
* Numerische Lösung mit
lokalen Kontinuitäts-
bedingungen
14
20
+0.211
+0.081
-0.134
-0.327
-0.672
-0.948
σₓ(-)
915
385
6 t/cm²
4 t/cm²
2 t/cm²

Fig. 4.27

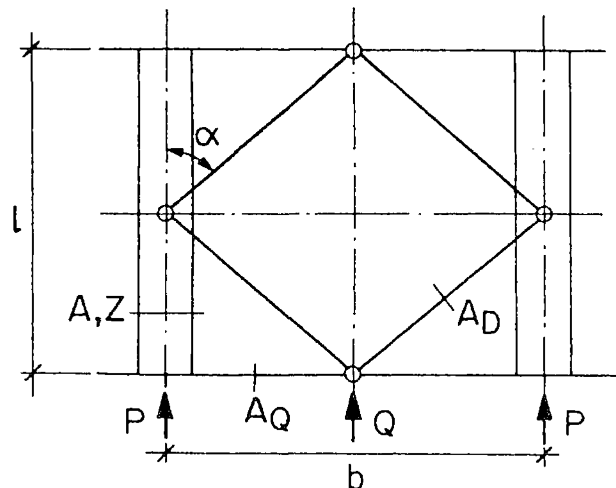

Fig. 4.29

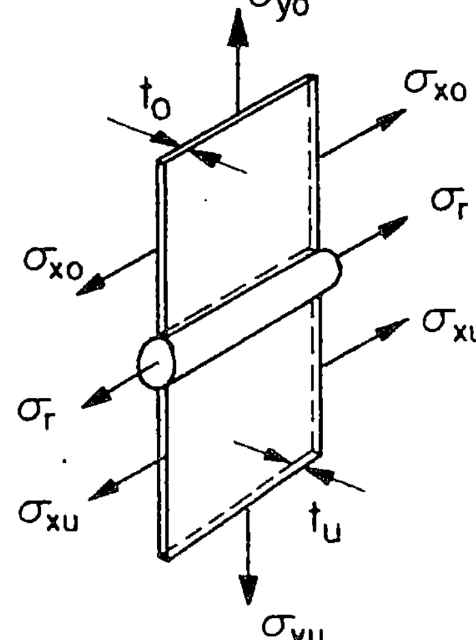

Fig. 4.30   Pont de la Madeleine
Längsspannungen im Hauptträger
beim Pfeilerlager
(a = 620)
+0.21
+0.05
+0.09
o   σₓ , Flanschspannungen
x—— σₓ , Blechspannungen
——   σₓ , Balkentheorie
-0.130
Numerische Lösung
ohne lokale Konti-
nuitätsbedingungen
-0.319
-0.644
-0.985 (Unterflansch)
-0.920 (Blech)
σₓ(-)
0.915
-0.6
-0.4
-0.2

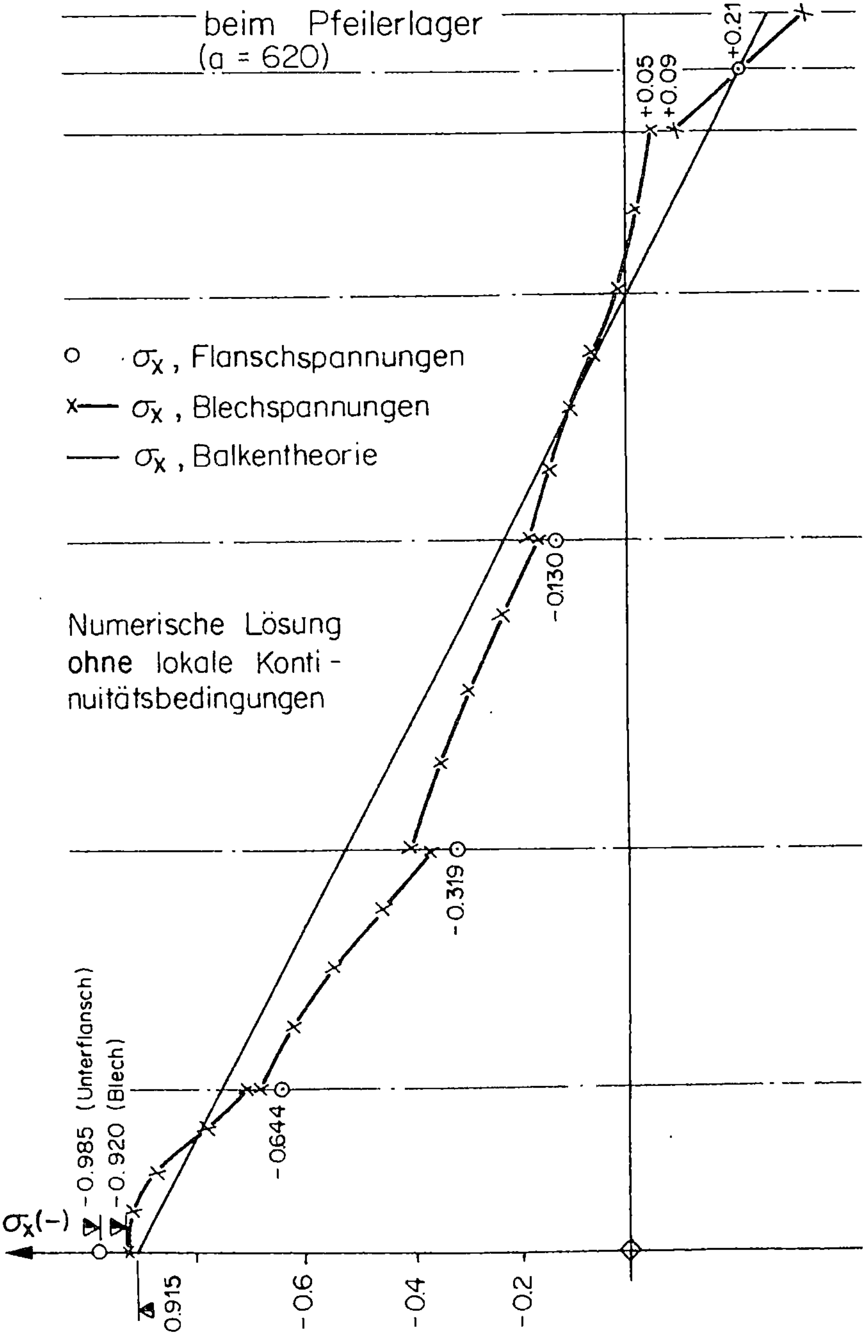

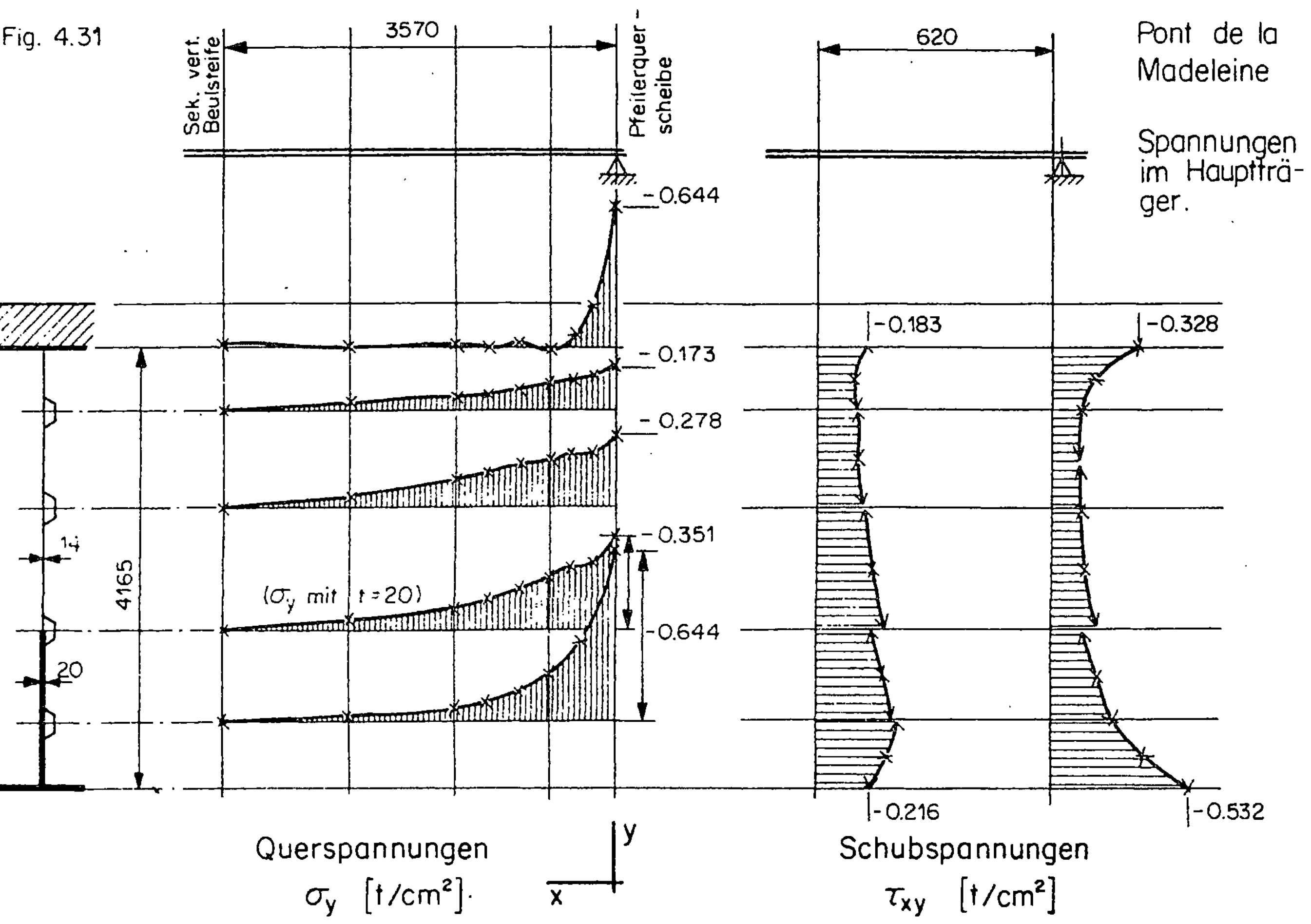

Fig. 4.31
Pont de la Madeleine
Spannungen im Hauptträger.
Sek. vert. Beulsteife
Pfeilerquer- scheibe
3570
620
4165
14
20
(σ_y mit t = 20)
-0.644
-0.173
-0.278
-0.351
-0.644
-0.183
-0.328
-0.216
-0.532
Querspannungen
σ_y [t/cm²].
Schubspannungen
τ_xy [t/cm²]
x
y

4.3 Torsion eines Balkenbrückenquerschnitts mit unterem Verband

In der Praxis des Stahl- und Verbundbrückenbaus werden die
Längsspannungen aus Torsion bei geschlossenen Querschnitten
mit einer fachwerkförmigen Scheibe normalerweise vernachlässigt [36]. Diese Vereinfachung ist in der Regel zulässig,
weil schon eine schwache vierte Scheibe die Wölbspannungen
des offenen Querschnitts erheblich verringert. Eine Abschätzung der Grösse der vernachlässigten Spannungen ist aber
wünschbar, denn die Ersatzscheibenstärke des Verbandes an
geraden Trägern liegt meist im Bereich von Hundertsteln der-
jenigen der übrigen Scheiben.

4.31 Aufgabenstellung

Statisches System, Abmessungen und Querschnittswerte sind
Fig. 4.31 zu entnehmen. Der Träger ist bei A eingespannt. Das
Ende B ist frei. Das konstante Torsionsmoment wird hier durch
ein Kräftepaar eingeleitet.

Variable Parameter der Untersuchung sind die Ersatzscheiben-
stärken von Wind- und Querverbänden. Für das Rautenfachwerk
des Windverbandes erhält man aus energetischen Ueberlegungen
analog [37]

$$t^* = \frac{(1+\nu)\,ab}{\dfrac{a^3}{3F_G} + \dfrac{d^3}{F_D}}$$

Als dimensionslosen Parameter wählen wir das Verhältnis dieser
Ersatzstärke zu jener der Deckscheibe

$$\alpha_{wr} = \frac{t^*}{t_0}$$

Aehnlich findet man für die Querverbände

$$t_Q = \frac{(1+\nu)\,hb}{\dfrac{h^3}{4F_p}+\dfrac{b^3}{8F_u}+\dfrac{d_Q^3}{F_{DQ}}}$$

Dazu kommt ein Beitrag aus der Steifigkeit der Querrahmen, gebildet aus biegesteifen Querträgern und Pfosten:

$$t_{QR} = \frac{1+\nu}{bh}\cdot\frac{1}{\dfrac{b}{12Z_Q}+\dfrac{h}{6Z_r}}$$

Damit definieren wir den dimensionslosen Queraussteifungsgrad

$$\alpha_{Qv} = \frac{t_Q + t_{QR}}{a}$$

Die Querrahmensteifigkeit wurde nicht variiert; ihr Beitrag ist in allen Beispielen

$$\frac{t_{QR}}{a} = 3.8 * 10^{-6}$$

also klein im Verhältnis zum Beitrag normaler Querverbände. Diese Querrahmensteifigkeit ist auch angenommen in den Zwischenquerschnitten ohne Querverbände (äussere Knoten des Windverbandes).

4.32 Diskretisation und Strukturaufbau

Ein Trägerabschnitt der Länge a wurde durch 4 Viereckselemente
Q1 - Q4 aus je 4 Dreiecken dargestellt (Fig. 4.32). Unterflansch-
und Querrahmenstäbe QB1 - QB6 sind Stabelemente (2.4); auch die
Verbandsstäbe F1 - F8 sind einfache Sonderfälle dieses Elements.
Besondere Knotenhilfselemente beschreiben die Knoten K1 - K5
an Querschotten. Die Ueberkontinuität der Längsdehnungen wird
in den Endquerschnitten durch Hilfselemente L1 - L6 hergestellt.
In den Knoten des Untergurts bedeutet dies, dass die Differenzkräfte aus dem Windverband in Form einer kubischen Verteilung
nach (2.018) in den Hauptträger eingeleitet werden.

Alle 16 Abschnitte des Tragwerks wurden durch dieses Brücken-
abschnitts-Element dargestellt; die 2 unterschiedlichen Ver-
bandsformen wurden beide ohne Elimination verbunden; in der
2. Stufe wurde dann die passende Form durch Elimination der
entsprechenden Variabeln "angewählt". Der Substrukturaufbau
erfolgte "nach Potenzen von 2" in 6 Stufen, einschliesslich
einer Hilfsstufe zur Bearbeitung von Eliminationsrückständen.
Die Zahl der Variabeln am einzelnen Brückenabschnitt war 190.
Pro Querschnitt des Trägers auf höheren Substrukturstufen
gingen 30 Variable ein (Fig. 4.33).

4.33 Grundlagen der Auswertung

Als Vergleichslösung zur Gewinnung dimensionsloser Resultate
eignet sich die gemischte Torsion des offenen Querschnitts,
dem wir willkürlich die St. Venant'sche Torsionssteifigkeit

$$GK = G \, \frac{(2bh)^2}{\oint \frac{ds}{t}}$$

des geschlossenen Kastens mit unterem Windverband zuordnen.
Die Differentialgleichung

$$M_T = - EJ_\omega\, \varphi''' + GK\, \varphi'$$

der gemischten Torsion hat für unseren Fall die Lösung [38]

$$\varphi = \frac{\mu}{\alpha^3}\left[\,\mathrm{tgh}\,\alpha(\cos h(\alpha\xi)-1\,)\right.$$
$$\left. -\sin h(\alpha\xi)+\alpha\xi\,\right] \qquad (4.303)$$

mit der dimensionslosen Koordinate

$$\xi = \frac{x}{L}$$

(von der Einspannung gemessen) und den Konstanten

$$\alpha = L\sqrt{\frac{GK}{EJ_\omega}} \qquad\qquad \mu = \frac{M_T\, L^3}{EJ_\omega}$$

J_ω bezeichnet das sektorielle Trägheitsmoment des offenen
Querschnitts.

Daraus folgt das Bimoment bei der Einspannung

$$B_{(o)} = M_T\, L \cdot \frac{\mathrm{tgh}\,\alpha}{\alpha}$$

welches sich somit gegenüber dem Fall reiner Wölbtorsion mit
dem Faktor

$$\frac{\mathrm{tgh}\,\alpha}{\alpha}$$

multipliziert. Die maximale Längsspannung ist dann

$$\sigma_\omega = \sigma_{FW} \frac{tgh\,\alpha}{\alpha} \qquad (4.304)$$

wo σ_{FW} am Faltwerk mit 3 Scheiben oder nach der Spannungs-
formel der reinen Wölbtorsion

$$\sigma_{FW} = \frac{M_T\,L}{J_\omega}\,\omega_G$$

zu bestimmen ist; ω_g ist die sektorielle Koordinate des
Untergurts am offenen Querschnitt. Der Schubmittelpunkt des
offenen Querschnitts liegt im Abstand

$$e_{so} = \frac{b^2\,F}{4\,Z_H}\,e_s$$

über dem Deckglech. F ist die (materielle) Querschnittsfläche,
Z_H das Trägheitsmoment um die Hochaxe, e_s der Abstand des
Schwerpunkts unter dem Deckblech.

Das sektorielle Trägheitsmoment des offenen Querschnitts ist

$$J_\omega = \frac{t_o\,e_{so}^2\,b^3}{12}$$
$$+\frac{b^2}{2}\left[e_{so}^2(t_s h + F_G) - e_{so}(t_s h^2 + 2h F_G)\right.$$
$$\left. + \frac{t_s h^3}{3} + h^2\,F_G\right]$$

und die sektorielle Koordinate der Hauptträgerunterkante

$$\omega_G = \frac{b}{2} (h - e_{so})$$

Die Formänderungen spalten wir auf in Kastenverdrehung und Kastenverformung (Fig. 4.34)

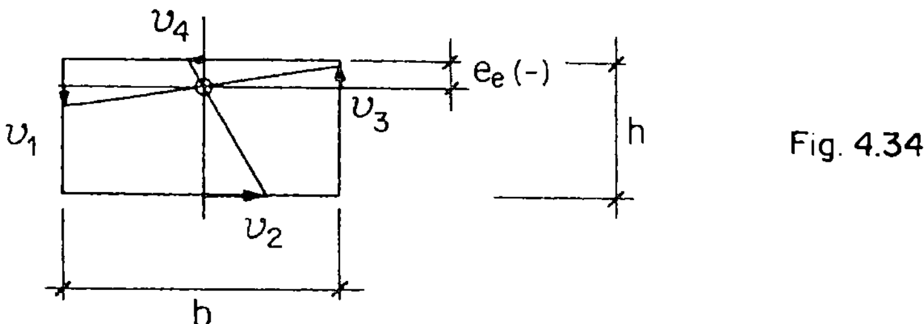

Fig. 4.34

Die Verschiebungen $v_1 \ldots v_4$ der Scheiben sind Mittelwerte aus den Resultaten für die Elemente des Querrahmens (Fig. 4.32).

Die elastische Linie liegt

$$e_e = - h \frac{v}{v_2 + v_4}$$

über dem Deckblech. Rotation und Kastenverformung sind definiert durch

$$2\varphi = \frac{v_1 + v_3}{b} + \frac{v_2 + v_4}{h}$$

$$2\chi = \frac{v_1 + v_3}{b} - \frac{v_2 + v_4}{h}$$

Als Vergleichsgrösse für die Lage der elastischen Linie brauchen wir den Schubmittelpunkt des geschlossenen Querschnitts. Dessen Bestimmung über den statisch unbestimmten Schubfluss ist z.B. [38] zu entnehmen. Die Rotation normieren wir mit (4.303) an der Spitze:

$$\varphi_n = \frac{M_T L}{GK}\left[1 - \frac{tgh\,\alpha}{\alpha}\right] \qquad (4.305)$$

Als Norm für die Kastenverformung wählen wir die Deformation eines einzelnen Querschotts unter dem profilverformenden Anteil der Belastung am freien Ende:

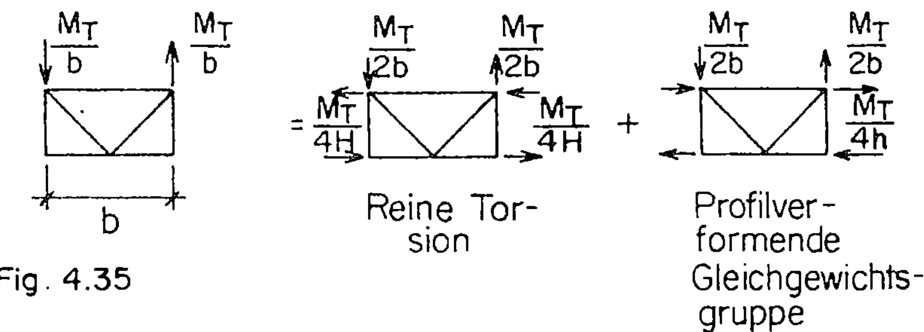

$$\chi_n = \frac{M_T}{2bh} \cdot \frac{1}{(t_Q + t_{QR})\,G} \qquad (4.306)$$

Die Vergleichsgrösse für die Schubspannungen folgt aus der Bredt'schen Formel

$$(t\tau_m) = \frac{M_T}{2bh}$$

für St. Venant'sche Torsion. Am diskreten Windverband werden
die Stabkräfte des Rautenfachwerkes

$$D_n = \frac{M_T}{2bh}\, d$$

Die Gurtkräfte des Hauptträgeruntergurts erhalten an den
äusseren Knotenpunkten des Verbandes Differenzkräfte

$$\Delta G = \frac{2D}{d}\, a$$

welche lokale Längsspannungen verursachen.

Die Querbiegemomente der Hauptträgeruntergurtungen normieren
wir mit

$$M_Q = \frac{M_T\, a}{8h}$$

entsprechend einer Aufnahme der ganzen Querkraft der unteren
Scheibe durch die Gurtquerbiegung in einem Feld.

Die Stabkräfte der Querverbandsdiagonalen beziehen wir auf
den Wert aus der profilverformenden Belastung des Querver-
bandes allein:

$$\frac{M_T}{2bh}\, d_Q$$

4.34 Drei Einzelfälle

Insgesamt wurden 18 Kombiantionen der beiden Parameter untersucht. Wir greifen aus den Resultaten vorerst 3 Einzelfälle
mit kräftiger Queraussteifung ($\alpha_{QV} = 3.74 * 10^{-4}$,
entsprechend $F_Q = 80$ cm^2 in Fig. 4.31) heraus:

= 2.45 $* 10^{-2}$ "Normaler" Windverband mit $F_D = 40$ cm^2

= 2.06 $* 10^{-1}$ Sehr starker Windverband mit $F_D = 400$ cm^2

= 2.45 $* 10^{-4}$ Verschwindend schwacher Windverband mit
$F_D = 0,4$ cm^2

Den Verlauf der Torsionslängsspannungen in der Hauptträgerunterkante zeigt Fig. (4.36). Der Fall des sehr schwachen Verbandes ist nicht realistisch. Immerhin zeigt er, dass die
Längsspannung bei der Einspannung wirklich gegen den Wert
der gemischten Torsion des offenen Querschnitts σ_ω (4.304)
strebt.

Die Formänderungen des Trägers für die 3 Fälle zeigt Fig.
(4.37). Aufgetragen sind für jeden Fall die Verdrehung φ
(Norm: (4.305)), die Kastenverformung χ (Norm: (4.306)) und
die Lage der elastischen Linie (Norm: Schubmittelpunkt des
geschlossenen Querschnitts). Der Verlauf der elastischen Linie
im Falle starken Verbandes erklärt sich daraus, dass hier der
Schubmittelpunkt des geschlossenen Querschnitts bereits im
Kasteninnern liegt.

Fig. 4.38 zeigt die Schubspannungen in der Unterkante des
Hauptträgers, (an der Stegwurzel) im Falle eines "normalen"
Verbandes, ferner für denselben Wert $\alpha_{WV} = 2.45 * 10^{-2}$ die
Querbiegemomente des Unterflanschs und die Stabkräfte in
Wind- und Querverband; als Bezugsgrössen der dimensionslosen
Darstellung werden (4.307), (4.309), (4.308) und (4.310)
verwendet. Schliesslich sind in Fig. 4.39 die Spannungsver-
teilungen über den Einspannquerschnitt und einen allgemeinen

Querschnitt für den Fall des normalen Verbandes dargestellt.
Die Spitze der Schubspannung in der Symmetrieaxe des Schnitts
σ ist selbstverständlich ein Diskretisationseffekt; er
tritt nur bei der Einspannung so deutlich in Erscheinung. Man
ruft sich bei dieser Gelegenheit in Erinnerung, dass die dargestellten Resultate nicht die elastizitätstheoretische Lösung
des Problems wiedergeben, sondern lediglich einen möglichen
Gleichgewichtszustand, der eine - freilich recht grosse - Zahl
von diskreten Verträglichkeitsbedingungen erfüllt.

Trotzdem vermittelt unsere Lösung ein Bild vom Kräftespiel
des Tragwerks, das den qualitativen Vorstellungen des Statikers
in allen Teilen entspricht, und das im Wesentlichen numerisch
zutrifft, wie die Grenzfälle zeigen.

Dieses Verhalten ist bei einer Diskretisation eines kontinuierlichen Tragwerks mit Artikulationen (Fachwerkstäbe, Querverbände) durch wenige Elemente in einer Richtung keineswegs selbstverständlich; es kann von ähnlich groben Deformationsansätzen
erfahrungsgemäss nicht erwartet werden.

4.35 Parametrische Darstellung der Resultate

Auf Grund von Fig. (4.36) lassen sich die Längsspannungen ein-
teilen in

- Wölbspannungen bei verhinderter Längsverschiebung
  an der Einspannstelle.

- Spannungen infolge Kastenverformung im Bereich der
  Krafteinleitung.

- Lokale Krafteinleitungsspannungen des Windverbandes.

Die Spannungen der zwei ersten Punkte sind in Fig. 4.40 in
Funktion der - logarithmisch aufgetragenen - Windverbands-
kennzahl α_{WV} dargestellt. Scharparameter ist der Queraussteifungsgrad α_{QV} . Man beachte, dass die aufgetragenen Werte mit der variablen Wölbspannung σ_ω der gemischten Torsion
dividiert sind; dieser Wert ist darunter in Funktion von σ_{FW}
aufgezeichnet.

Die lokalen Spannungen aus den Windverbandsstabkräften entsprechen der halben Höhe der Sprünge in Fig. 4.36. Aufgetragen sind die maximalen Werte, die im Bereich der Balkenmitte
auftreten. Diese Spannungen hängen kaum von den Parametern
ab und betragen an unserem Querschnitt ungefähr 70 % der
Längsspannung an einem kurzen Faltwerk von der Länge eines
halben Rautenfeldes bei derselben Belastung und Lagerung.

Fig. 4.41 zeigt die maximalen Schubspannungen in Funktion
der Windverbandsstärke. Auch hier ist es sinnvoll, die Schubspannungen zu unterteilen in solche

>   - im Einspannquerschnitt (ausgezogene Linien)
>
>   - im Bereich des freien Endes; es handelt sich immer
>   um die Schubspannung an der unteren Stegwurzel
>   beim letzten äusseren Rautenknoten, siehe auch
>   Fig. 4.38 (unterbrochene Linien).
>
>   - bei den Fachwerkknoten im Bereich der Trägermitte.
>   Diese Schubspannungen sind unabhängig von den
>   Parametern ca. $1.8 * \tau_m$.

4.36 Folgerungen

Gerade Brückenträger an Verbundbrücken mit der untersuchten
Querschnittsform haben in der Regel Windverbände in der
Grössenordnung $\alpha_{WV} \sim 10^{-2}$ und einen Queraussteifungsgrad
$\alpha_{QV} \sim 10^{-4}$. An solchen Tragwerken sind die Torsionslängs-

spannungen immer Nebenspannungen; obere Schranken für diese
sind gegeben durch den grösseren der Werte σ_ω (4.304) und

$$\sigma_{FW} \cdot \frac{a}{L}$$

mit den Bezeichnungen von Fig. 4.31. Die Schubspannungen können den 2.5 - fachen Wert der St. Venant'schen Schubspannung
erreichen.

b = 7500
A
b = 7500
$Z_Q = 1.4 * 10^5 cm^4$
$t_0 = 4 cm$
$t_s = 1.5 cm$
h = 3500
F_Q
$F_p = 100 cm^2$
$F_Q = F_{DQ}$
$Z_v = 1.8 * 10^4 cm^4$
d = 5303
F_D
F_Q
$F_u = F_Q$
L = 16a
= 60m
$F_G = 250 cm^2$
$Z_G = 81.4 * 10^4 cm^4$
(quer)
a = 3750
Querrahmen
Querrahmen und Querverband
B
$\frac{M_T}{b}$
$\frac{M_T}{b}$

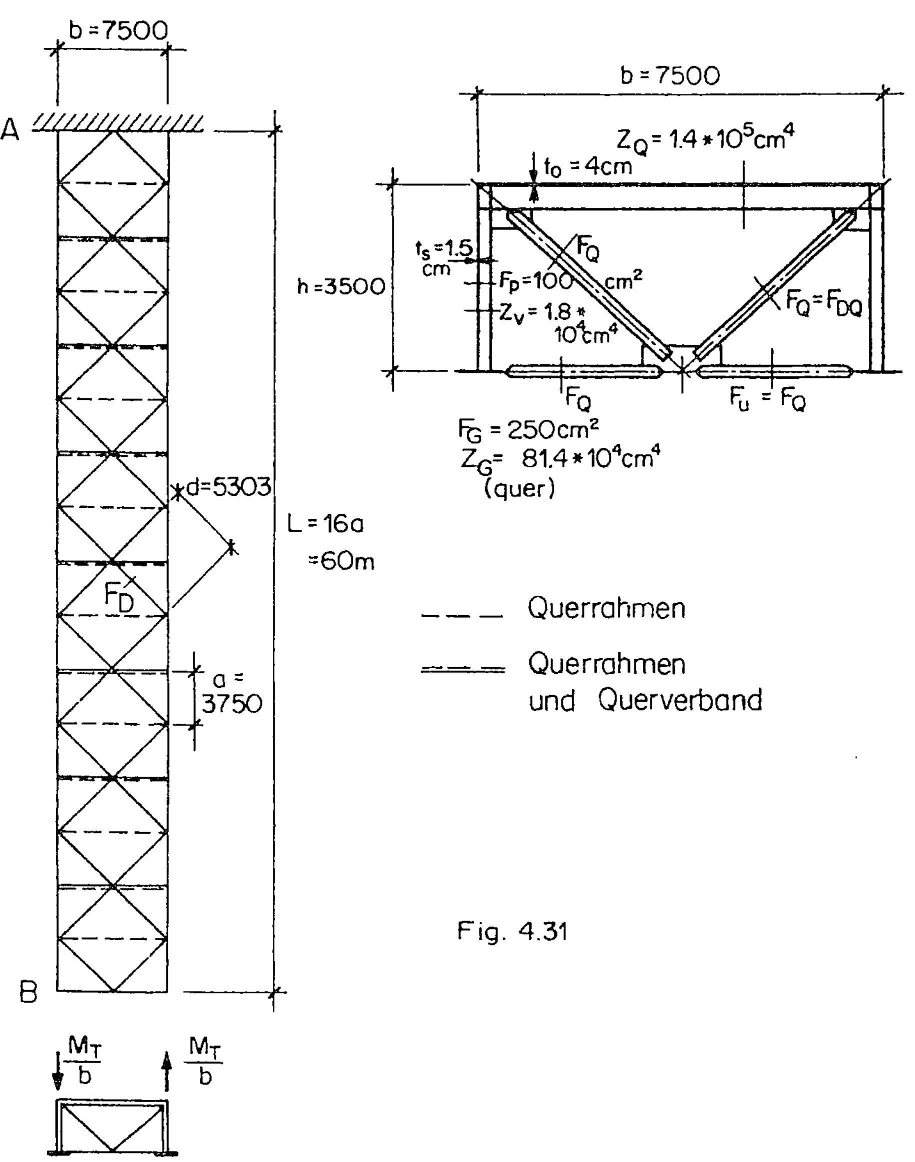

Fig. 4.31

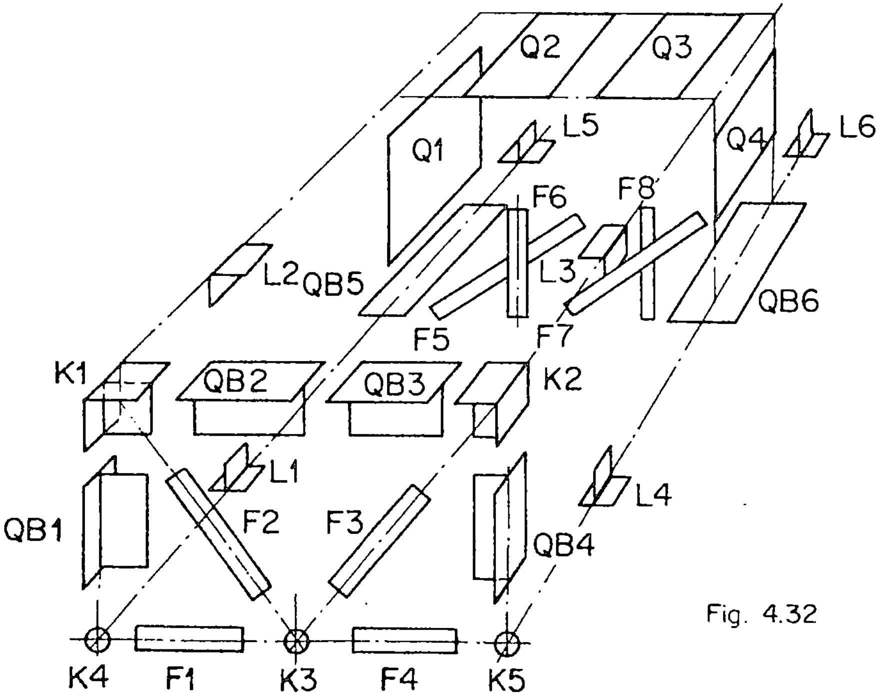

Fig. 4.32

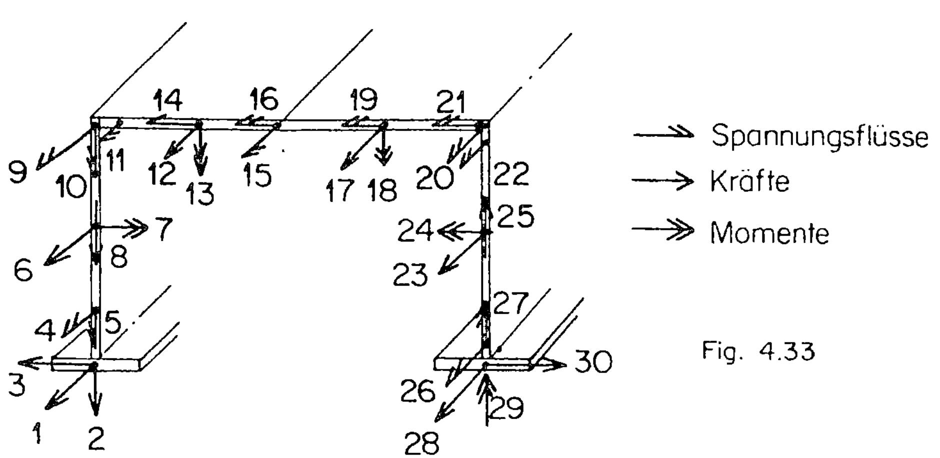

Fig. 4.33

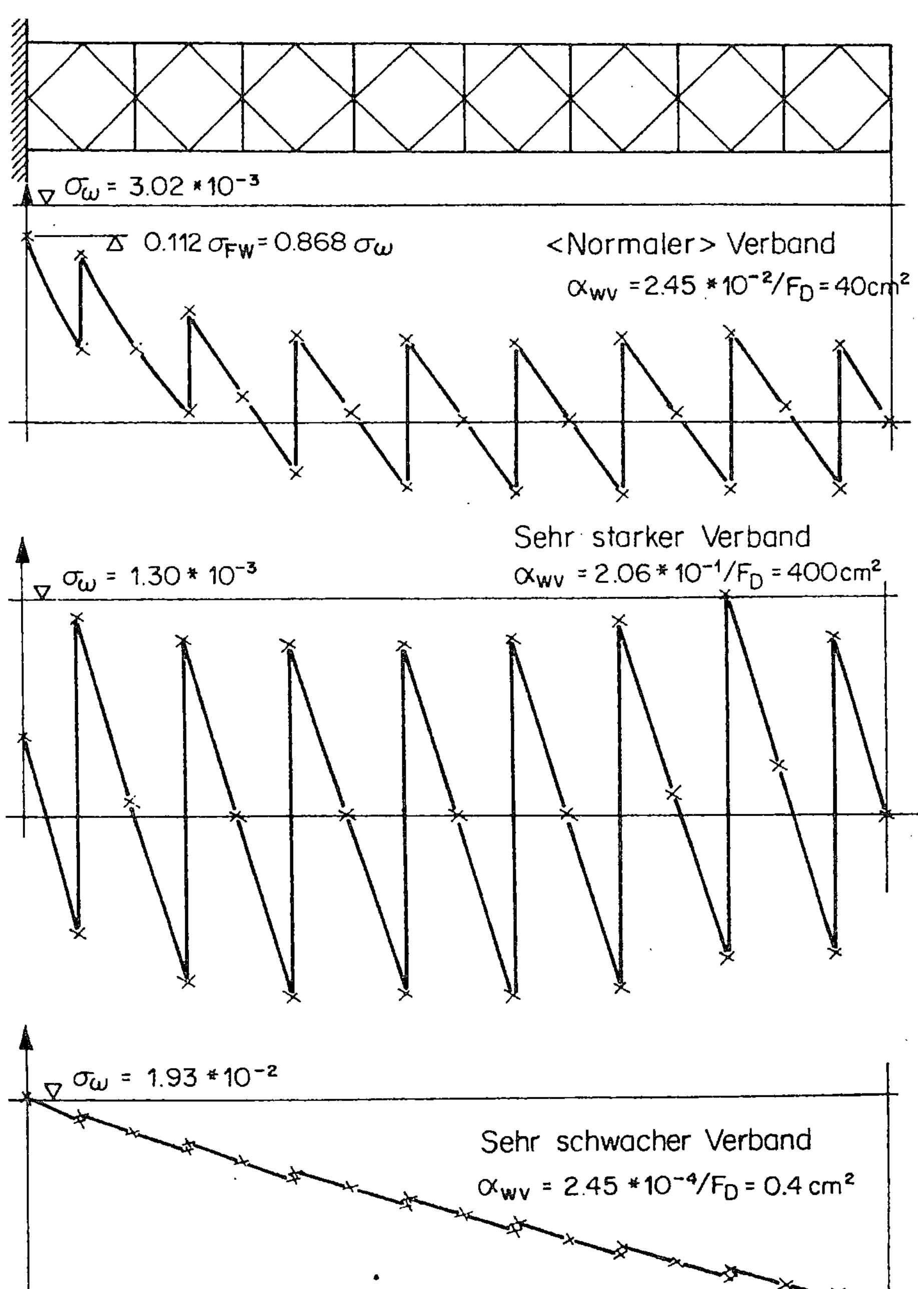

Fig. 4.36

0 1 2 3 16
e_e/e_s , φ/φ_N , χ/χ_N
e_s = 111.3 cm = 0.8 e_so
φ = 1.05
El. Linie e_e
Rotation φ.
α_wv = 2.45 * 10^-2
Kastenverformung χ
e_e(l) = .992
χ(l) = -0.296
(e_e(1) = 3.06)
e_s = -20.9 = -0.14 e_so
φ = 1.08
α_wv = 2.06 * 10^-1
e_e(l) = 0.873
χ(l) = -0.284
e_e(1) ≈ e_s = 140.7
e_e = 0.988
φ = 1.008
El. Linie e_e
Rotation φ
α_wv = 2.45 * 10^-4
χ = -0.097

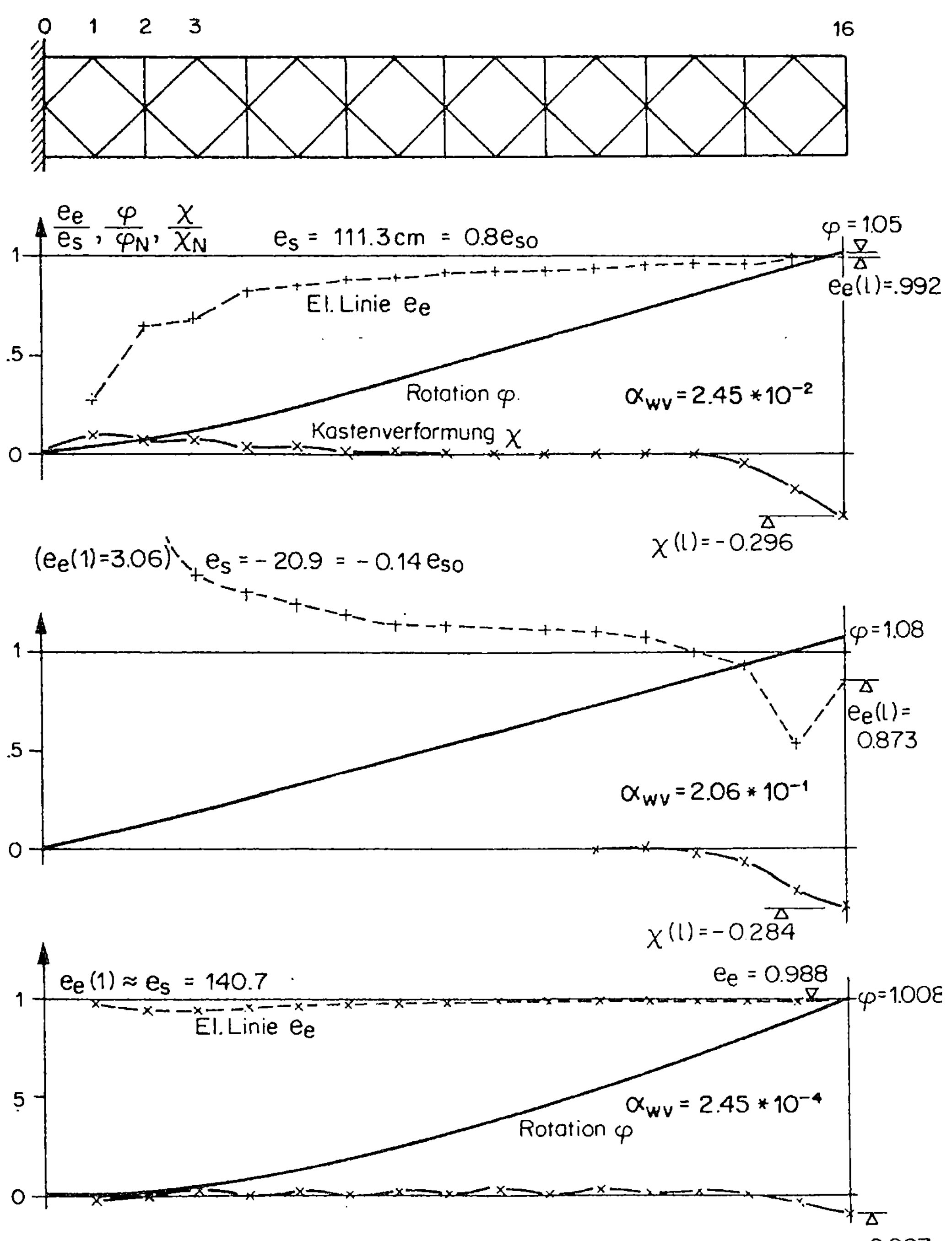

Fig. 4.37

2.3
2
$\frac{\tau}{\tau_m}$
1
Schubspannungen
UK - Hauptträger
$\alpha_{wv} = 2.45 \quad 10^{-2}$
0
+
$\frac{M_Q}{M_{QO}}$
+ 0.1
- 0.1
Querbiegung   Unterflansch
$\alpha_{wv} = 2.45 \quad 10^{-2}$
$\frac{D}{D_o}$
1
Diagonale WV
$\alpha_{wv} = 2.45 \quad 10^{-2}$
0
Diagonale QV

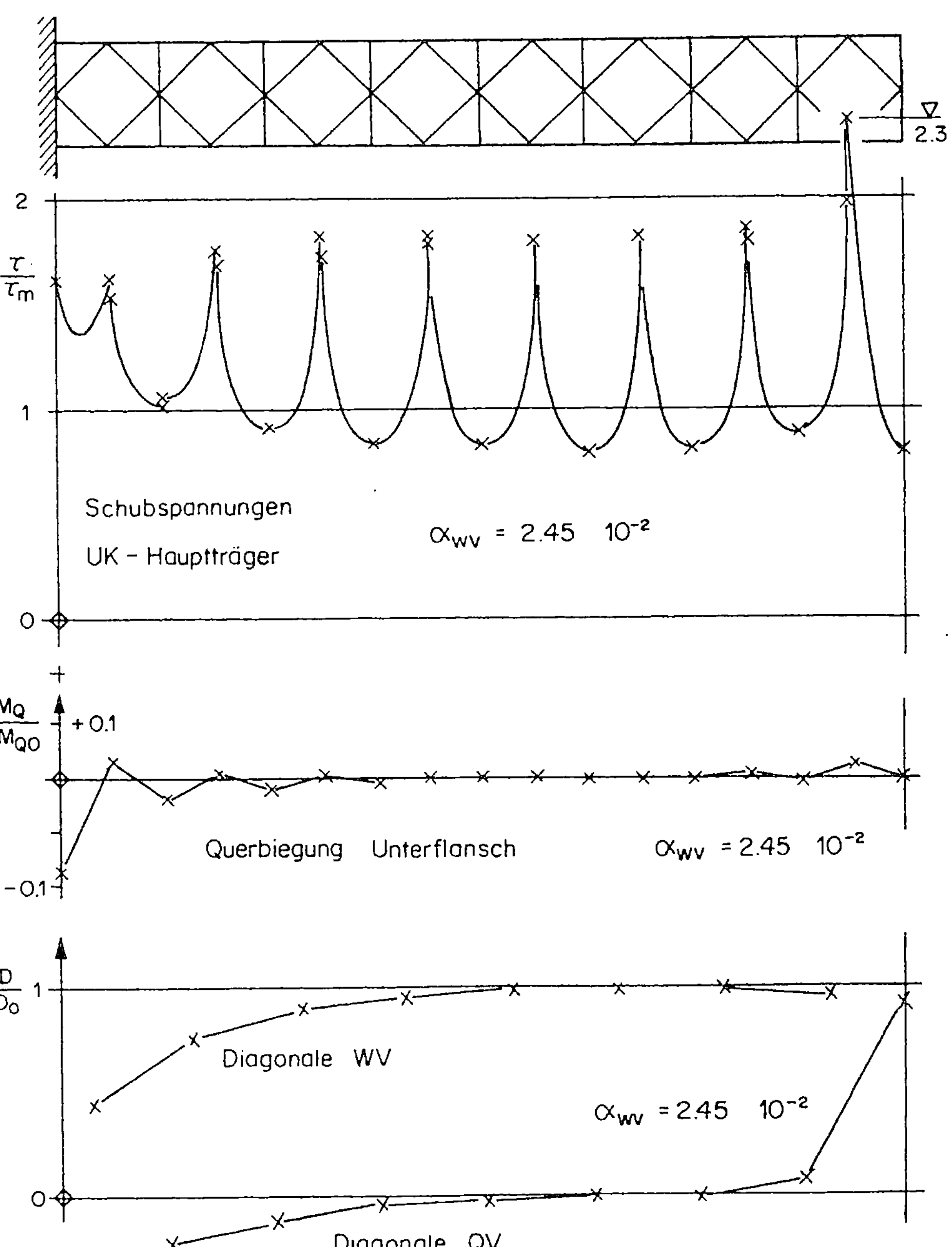

Fig. 4.38

$\alpha_{wv} = 2.45 * 10^{-2}$
a
b
$-0.59\sigma_\omega$
$0.86\sigma_\omega$
$1.62\tau_m$
Schnitt a
$0.50\sigma_\omega$
$1.70\tau_m$
Schnitt b

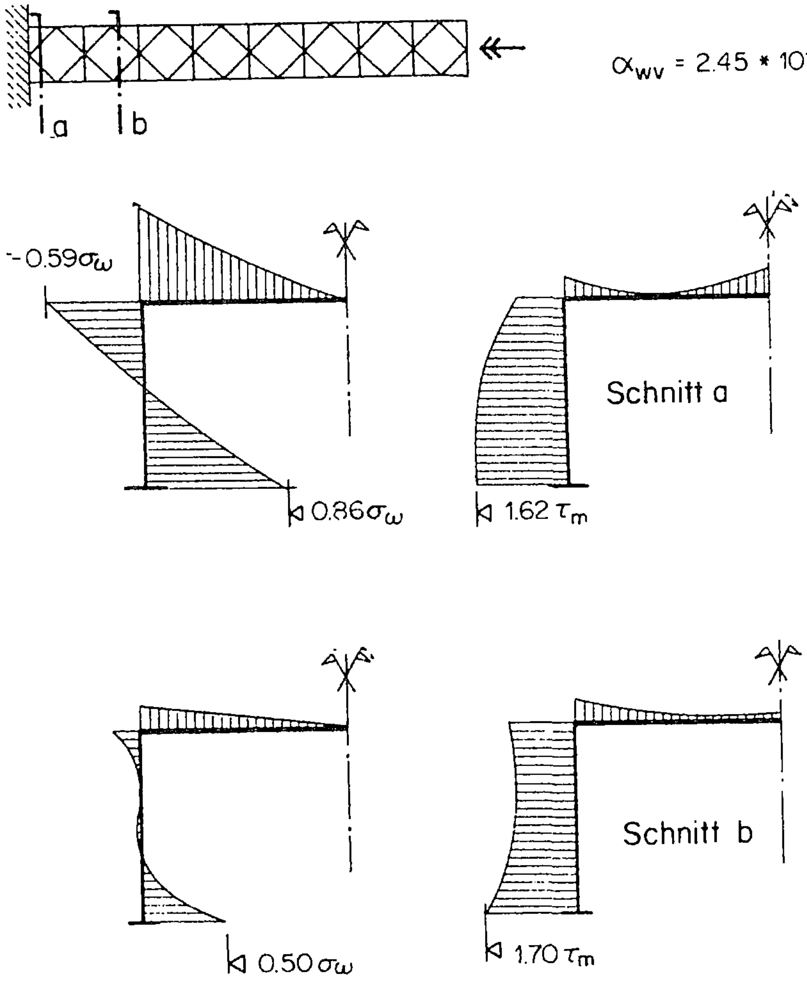

Fig. 4.39

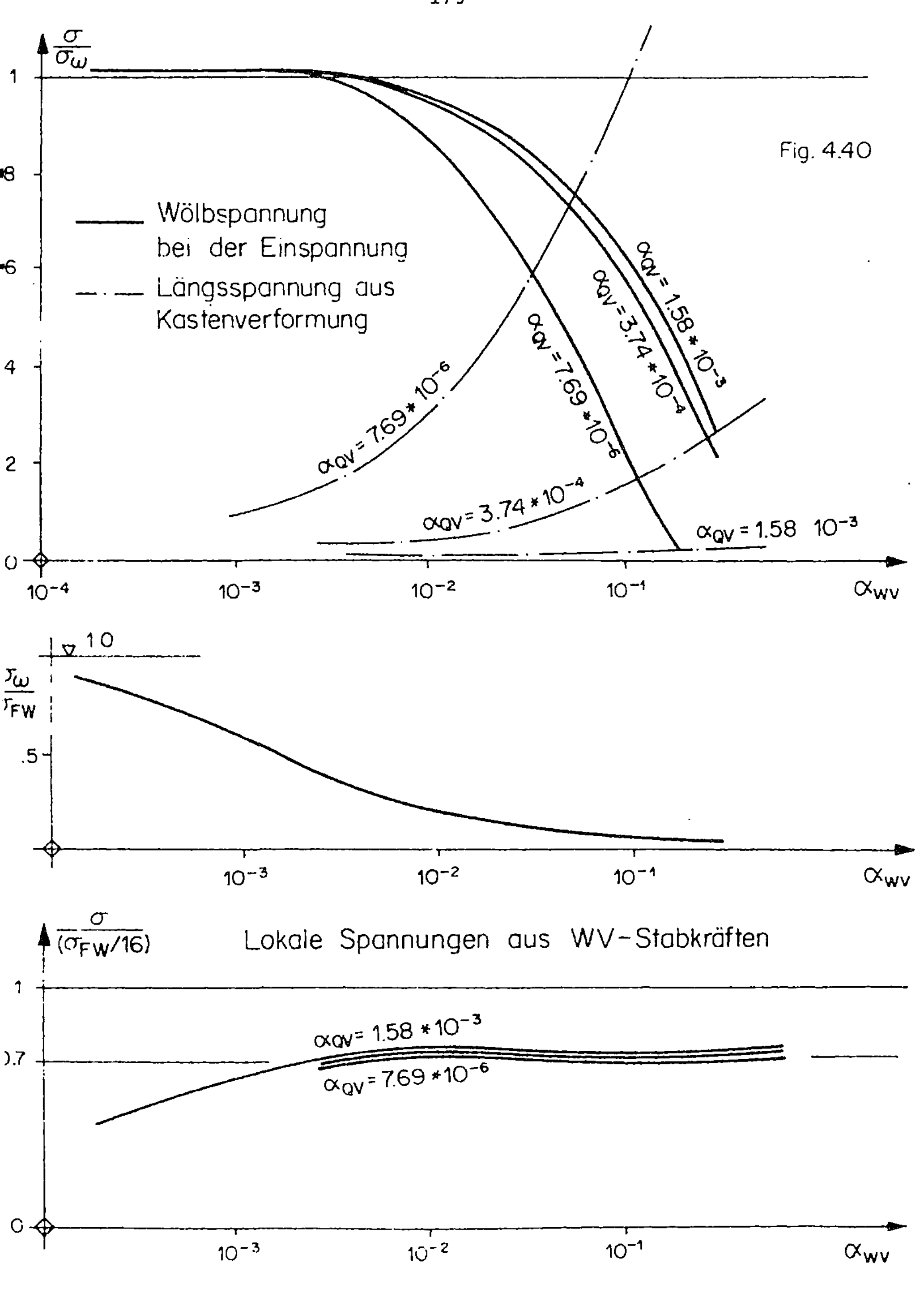
Fig. 4.40
$\frac{\sigma}{\sigma_\omega}$
Wölbspannung bei der Einspannung
Längsspannung aus Kastenverformung
$\alpha_{QV} = 1.58 * 10^{-3}$
$\alpha_{QV} = 3.74 * 10^{-4}$
$\alpha_{QV} = 7.69 * 10^{-6}$
$\alpha_{QV} = 7.69 * 10^{-6}$
$\alpha_{QV} = 3.74 * 10^{-4}$
$\alpha_{QV} = 1.58 \ 10^{-3}$
α_{WV}
$\frac{\tau_\omega}{\tau_{FW}}$
α_{WV}
$\frac{\sigma}{(\sigma_{FW}/16)}$
Lokale Spannungen aus WV-Stabkräften
$\alpha_{QV} = 1.58 * 10^{-3}$
$\alpha_{QV} = 7.69 * 10^{-6}$
α_{WV}

$\frac{\tau_{max}}{\tau_m}$
$\alpha_{QV}= 7.68*10^{-6}$
$\alpha_{QV} = 7.68*10^{-3}$
$\alpha_{QV} =1.58*10^{-3}/3.74*10^{-4}$
$\alpha_{QV} = 1.58*10^{-3}$
$\alpha_{QV} = 3.74*10^{-4}$
τ_m (St.Venant)
4.0
3.0
2.0
1.0
0
10^{-4}
10^{-3}
10^{-2}
10^{-1}
α_{WV}

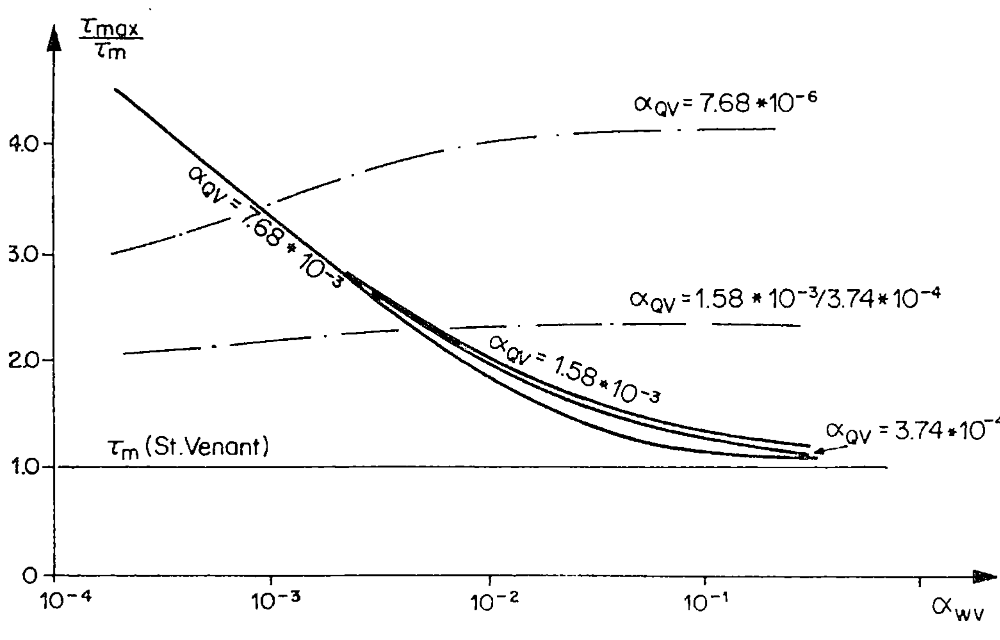

Fig. 4.41

4.4 Orthotrope Stahlfahrbahnplatte

Untersucht wurde eine Stahlfahrbahn mit offenen, torsions-
weichen Längsträgern unter einer Belastung durch einen
Schwerlastwagen (Fig. 4.42) in massgebender Stellung für
die Querträgermomente. Das Beispiel stimmt in Geometrie und
Querschnittswerten überein mit dem ersten Zahlenbeispiel in
[39]. Die Randbedingungen für den hier untersuchten Abschnitt
der Fahrbahnplatte entsprechen einer periodischen Belastung
durch Schwerlastwagen im achtfachen Querträgerabstand; die
nächst benachbarten Achsgruppen entlasten den mittleren Querträger (nach dem Trägerrostverfahren) um 9.2 %. Für den Vergleich wurden die Resultate von [39] um diesen Betrag korri-
giert.

Einen Ueberblick über den Substrukturaufbau gibt Fig. 4.43.
Die Grundsubstruktur ist in (4.13) für Balkenrandbedingungen
geprüft worden. Sie ist zusammengesetzt aus allgemeinen Viereckselementen Q1÷Q5 nach (4.11), Stabelementen QB1÷QB6
mit Scheibenkantenelementen (2.31) und Hilfselementen L1÷L8
zur Herstellung der (Ueber)-Kontinuität zwischen Scheibe und
Rippenoberkanten. Das Hilfselement QJ ist nur ɔn Bedeutung
bei schiefer Kreuzung der Rippen; die Proble. ɔrbereitung und
Dateneingabe wurde so angeordnet, dass für diesen allgemeineren Fall nur die Elementkoordinaten im lokalen Koordinatensystem
der Grundsubstruktur geändert werden müssen. Mit Einschluss der
Variablen infolge dieser - hier unnötigen - Allgemeinheit hat
die Grundsubstruktur total 243 Variable; davon waren rund 100
Aeussere. Die Belastungen wurden in einfachster Weise statisch
äquivalent auf die nächsten Längs- oder Querrippen aufgebracht,
für die mittlere Achse z.B. in Form gleichmässiger verteilter
Linienlasten auf den Querträger und die Längsrippenansätze
innerhalb der belasteten Flächen. Die Vernachlässigung der

Plattensteifigkeit dürfte für das vorliegende System mit
starken Querträgern u n d d e n u n t e r s u c h t e n
L a s t f a l l unwesentlich sein. Zur Prüfung der massgeben-
den Lastfälle für Längsrippenbeanspruchung und Blechspannungen
müssten dagegen im Bereich der Belastungen Plattenelemente
verwendet werden.

Der weitere Aufbau ist in Fig. 4.43 unten schematisch angedeutet. Aus der Grundsubstruktur und ihrem symmetrischen
Zwilling wurde in weiteren 8 Stufen die symmetrische Hälfte
der Platte aufgebaut im Sinne der Substrukturtechnik von Abschnitt 3. Jede Stufe enthält dabei eine einfache oder mehrfache Repetition. Es scheint angebracht, an dieser Stelle einige Worte über die Arbeitstechnik bei diesem Vorgang zu sagen, um (3.13) zu illustrieren.

Dem Aufbau der Grundsubstruktur (Fig. 4.43 oben) aus Scheibenstücken, Scheibenkanten- und Stabelementen nach (3.025) muss
die Bildung der $^{(1)}Q_E$ (und $^{(1)}b_E$) Matrizen aus Eingabedaten
vorangehen. Diese Beschreibung der Zusammenhangsbedingungen
ist bei jedem allgemeinen statischen Programm in irgendeiner
Form vorzunehmen; in BASAR stützt sich die entsprechende Konvention auf allen Stufen auf folgende Angaben an das Programm:

(a) Einer Definition von V a r i a b l e n g r u p p e n
    für jeden Elementtyp; z.B. die Gruppe der Kräfte und Span-
    nungsflüsse an einer Kante. Zur Definition gehört die An-
    gabe der zugehörigen Nummern in den Elementmatrizen, so-
    wie die Festlegung von "Anordnungsmustern" für die Variablen
    der Gruppe; diese beziehen sich auf die R e i h e n f o l -
    g e und die vorzunehmenden V o r z e i c h e n w e c h -
    s e l bei der Assemblierung.

(b) Einer B e s c h r e i b u n g d e r Z u s·a m m e n -
    h a n g s b e d i n g u n g e n mit Hilfe der zuvor
    definierten Variablengruppen und Anordnungsmuster. Dabei
    ist auch anzugeben, welche Variablen in der höheren Stufe
    v o r e r s t als innere bzw. äussere gelten sollen.

Dem Kenner mag das Fehlen einer globalen Knotennummerierung
auffallen. Im konkreten Fall der Stufe 2 in (Fig. 4.43) waren
rund 100 der 243 Variablen von vornherein als äussere bezeichnet, darunter alle Randkräfte (z.B. (a) in Fig. 4.43) und gewisse Verschiebungen (b) für später einzuführende Lagerungsbedingungen. Dagegen war nicht dafür gesorgt, dass alle inneren Variablen der Stufe 2 auch eliminiert werden konnten;
von den rund 150 anfänglich inneren Variablen hat die Eli-
minationsroutine 18 als nicht eliminierbar ausgeschieden. Wir
greifen aus dieser Gruppe folgende typische Vertreter heraus,
wobei sich die Bezeichnungen auf Fig. (4.43) beziehen:

(c) an QB4 ; die Multiplikatoren für das horizontale Gleich-
    gewicht: Kraft quer zur Stabebene und Moment um die Hoch-
    axe können nicht eliminiert werden.
    G r u n d : technisch (Partition).
    Die Lager (b) genügen nicht zu einer statisch bestimmten
    Lagerung, so dass die Nichtelimination der Verschiebung
    in y - Richtung auch aus dieser Ursache möglich wäre.

(d) an Q5   ; der Multiplikator des Elements für das Gleich-
    gewicht in der z - Richtung kann nicht eliminiert werden.
    G r .u n d : Es fehlt eine statisch bestimmte Lagerung
    in z - Richtung. Da diese Variable ganz am Schluss des
    Eliminationsprozesses angetroffen wurde, steht die Ursache
    mit Sicherheit fest.

(e) an **Q3** : der lokale Multiplikator für die Spannungen ge-
    mäss (2.019) kann nicht eliminiert werden.
    G r u n d : Diese Gleichung ist abhängig; weil die Schub-
    spannung (f) an dieser Ecke von **Q2** und **Q3** dieselbe
    Variable ist, sagt die Multiplikatorgleichung dasselbe
    aus wie jene der anliegenden Ecke von **Q2** .

Abhängige Gleichungen wie (e) könnten an sich durch eine entsprechende Selektion beim Aufbau der Substruktur umgangen
werden. Dies kompliziert aber die Beschreibung der Zusammenhangsbedingungen und verhindert u.U. ihre sonst mögliche Er-
zeugung durch Programme. (Es hat sich nebenbei gezeigt, dass
solche bekannte abhängige Gleichungen empfindliche F e h l e r -
a n z e i g e r für Datenfehler sind.)

Die 18 neu gebildeten äusseren Variablen w e r d e n   d u r c h
d a s   P r o g r a m m einer Variablengruppe mit festem symbo-
lischem Namen (XPARAM) und festem sequentiellem Anordnungsmuster
im Sinne von (a) zugeordnet. Das neue Element der Stufe 2 erhält die Rolle eines E l e m e n t t y p s , dessen einzelnen
Vertreter beim weiteren Aufbau die Repetitionen des Elements
sind. Die Beschreibung der neuen Zusammenhangsbedingungen (b)
stützt sich auf Variablengruppen mit den anfänglich äusseren
Variablen und auf die symbolische Variablengruppe XPARAM jedes Elements der Stufe 2, deren konkreter Inhalt dem Programm
bekannt ist. Die automatische Mitnahme a l l e r Eliminationsrückstände in die höhere Stufe führt natürlich über mehrere
Stufen hinweg zu einer Anhäufung echt abhängiger Variablen
vom Typus (e). An unserem konkreten Beispiel ist dieses Problem
von Hand gelöst worden: Es war ohnehin notwendig, die Rechnung
nach jeweils 1 oder 2 Stufen zu unterbrechen und Zwischentests
mit den neugebildeten Elementen vorzunehmen; dabei wurden die
Eliminationsrückstände gesichtet und die XPARAM - Gruppen ent-

sprechend bereinigt.[1] Tab. 4.44 zeigt eine Zusammenfassung des Ablaufs über die Stufen von Fig. (4.43). Im Ganzen ist die Grundsubstruktur mit rund 120 inneren und 120 äusseren Variablen 384 mal wiederholt worden.

Substruk- tur Name	Stufe	Substruk- turvar. total	anfäng- lich Aeussere	erzeug- tes XPARAM	davon weiter verwendet
OPELEM/R	2	243	100	18	(alle)
OPELMR	3	171	120	23	13
NORMST	4	396	250	28	(alle)
NORMP3	5	591	300	61	37
NORMS3	6	569	440	47	33
NORMS6	7	673	450	4*	1
NORM12	8	671	450	4	1
NORM24	9	262	-	4	(alle)
(Hilfsstufe)	10	4	-	3	-

Einen Auszug aus den Resultaten zeigen die Figuren 4.45 - 4.47. In 4.45 ist der Verlauf der Zugspannungen an der Unterkante des mittleren Querträgers aufgetragen. Der Vergleichswert aus [39] ist mit der zuvor erwähnten Korrektur für die Randbedingungen von 9.2 % versehen. Angesichts der Tatsache, dass die Näherung [39] für offene Längsträger auf Grund einer Balkenrostrechnung mit Einführung "mitwirkender" Querschnitte bestimmt wird, ist die enge numerische Uebereinstimmung wohl Zufall.

Eine parallele Rechnung mit den Einflussfeldern von Krug/Stein für orthotrope Platten (bei Vernachlässigung der exzentrischen Lage des Deckblechs und der diskreten Struktur mit $K = 0.3$) ergibt einen rund 15 % tieferen Wert.

[1] Diese Massnahme ist verantwortlich für die Reduktion der Anzahl der nicht eliminierbaren Variablen ab Stufe 7 in Tab. 4.44 (*)

Fig. 4.46 zeigt die Längsspannungen im Blech über dem mittleren Querträger. Auch hier erweist sich die Balkenrostlösung als ausserordentlich gute Näherung; die globale Korrektur für die globale Korrektur für die Randbedingungen ist natürlich nicht ganz korrekt, so dass der wirkliche Balkenrostwert sogar noch näher am Resultat der Finite-Element-Rechnung liegt, die nach (4.13) für diese Spannungen Fehlergrenzen von 2 bis 3 % haben muss.

Fig. 4.47 zeigt schliesslich einen Ausschnitt aus dem lokalen Spannungsbild in einem Längsschnitt, der in Fig. 4.46 als (a) eingetragen ist. Die Aeste der Kurven in 4.46 und 4.47 sind für die einzelnen Scheibenelemente im Laufe der selektiven Rekursion direkt mit dem Zeilendrucker ausgedruckt worden.

Das vorliegende Beispiel würde bei direkter Auflösung ohne Substrukturtechnik auf ein lineares Gleichungssystem mit mehr als 50'000 Unbekannten führen. Es stellen sich die Fragen nach den Einflüssen von Eingangs- und Rundungsfehlern auf das Endresultat.

Die Eingangsdaten baustatischer Berechnung sind 2 bis 3-stellige Zahlen; genaueres ist über die Tragwerte nicht bekannt. Die reale Erfahrung zeigt, dass Aenderungen innerhalb dieser Fehlergrenzen im stabilen Bereich ebenso unbedeutende Auswirkungen auf den Spannungszustand haben. Wenn das numerische Modell (Fig. 1.01) diese Eigenschaften nicht hat, so ist es entweder falsch (z.B. infolge zu kleiner Stellenzahl oder einer Missachtung der Tatsache, dass die relative Genauigkeit von Zwischenresultaten bei der A u f s t e l l u n g des Gleichungssystems höher sein kann als jene der Eingangsdaten) oder es beruht auf einem Diskretisationsvorgang, der zuwenig von den Eigenschaften des mechanischen Modells erfasst. Solche Empfindlichkeit gegen Eingangsfehler wird s c h l e c h t e K o n -

d i t i o n genannt. Die Auswirkungen schlechter Kondition
sind durch Einsetzen der Lösung in das Gleichungssystem nicht
feststellbar, denn der Fehler gegenüber dem mechanischen Modell wurde nicht beim Auflösen gemacht. Die einzige Kontroll-
möglichkeit ist ein Vergleich mit Resultaten aus einem anderen Verfahren, angewendet auf dasselbe mechanische Modell.
Solche Vergleiche sind bei allen Beispielen dieser Arbeit
angestellt worden und haben in keinem Fall Hinweise auf schlech-
te Kondition geliefert. Die Erfahrung zeigt übrigens, dass für
die Prüfung der Kondition bei grossen linearen Systemen keine
sehr feinen Vergleiche nötig sind; in der Regel sind solche
Fälle auf den ersten Blick zu erkennen.

Der Einfluss der R u n d u n g s f e h l e r auf die Resultate kann durch Einsetzen der Lösungen in die Gleichungssysteme geprüft werden. Bei Gauss'schen Verfahren für positiv
definite Systeme ist die Gutartigkeit [44] a priori theore-
tisch bewiesen. Die Auflösung nach (3.2) dieser Arbeit entspricht annähernd der Auflösung zweier definiter Systeme nach-
einander.

Bei mehrstufiger Substrukturtechnik ist eine v o l l e Ein-
setzkontrolle nur mit grossem Aufwand möglich, denn das Gesamt-
system wird nie aufgestellt. Am vorliegenden Beispiel ergaben
Stichproben und Symmetriekontrollen Rundungsfehlereinflüsse
vom Betrag 10^{-11}, bei einem mittleren Spannungsniveau von rund
10^{-1} . Der Verlust von nur 2 weiteren Stellen (vgl. 4.11) durch
die Auflösung an diesem relativ grossen System ist erstaunlich.
Endgültige Schlüsse können daraus nicht gezogen werden, aber
ein gewisses Vertrauen bei der Anwendung im Bereich kleinerer
Systeme ist gerechtfertigt, sofern Rechner ähnlich hoher Stellenzahl verwendet werden.

3390
4110
700
300
1000 1000
1500
1500
P=14t
P=14t
P=14t
394·8
100·14
873 873
873
P=14t
P=14t
t=14
180.9
326 326
326
7500

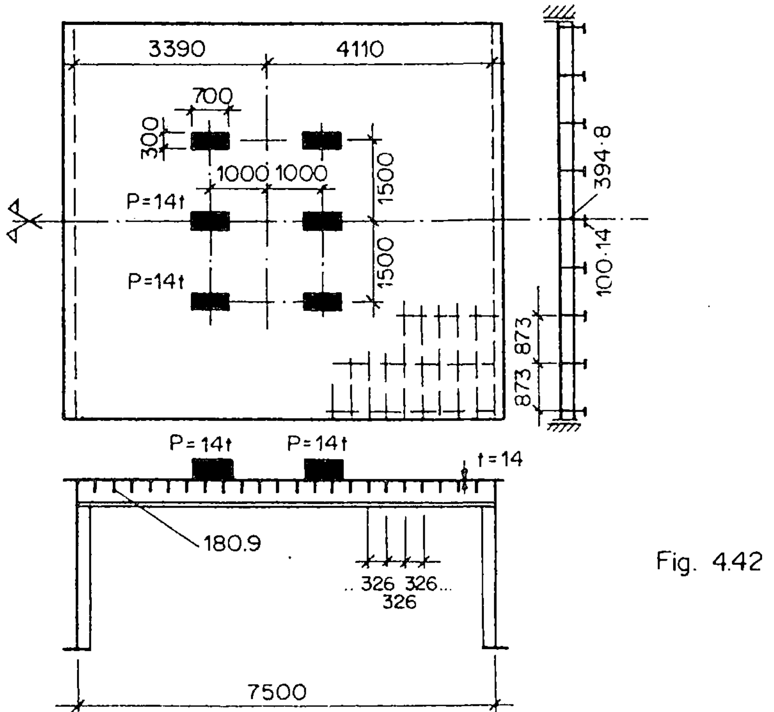

Fig. 4.42

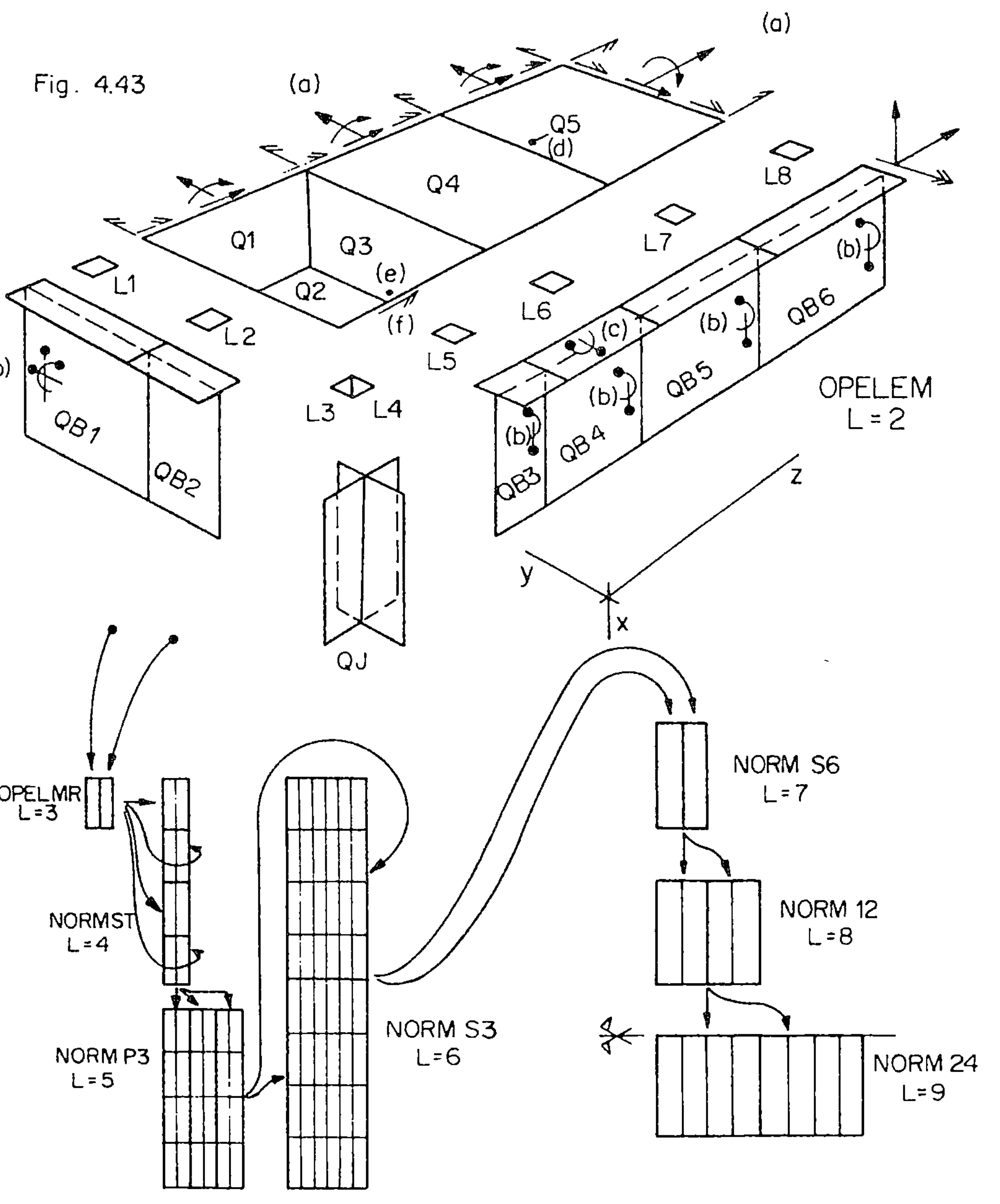

Fig. 4.43
(a)
(a)
(a)
Q5
(d)
Q4
Q1
Q3
Q2
(e)
(f)
L1
L2
L3
L4
L5
L6
L7
L8
QB1
QB2
QJ
QB3
QB4
QB5
QB6
(b)
(b)
(b)
(b)
(c)
OPELEM
L=2
z
y
x
OPELMR
L=3
NORMST
L=4
NORM P3
L=5
NORM S3
L=6
NORM S6
L=7
NORM 12
L=8
NORM 24
L=9

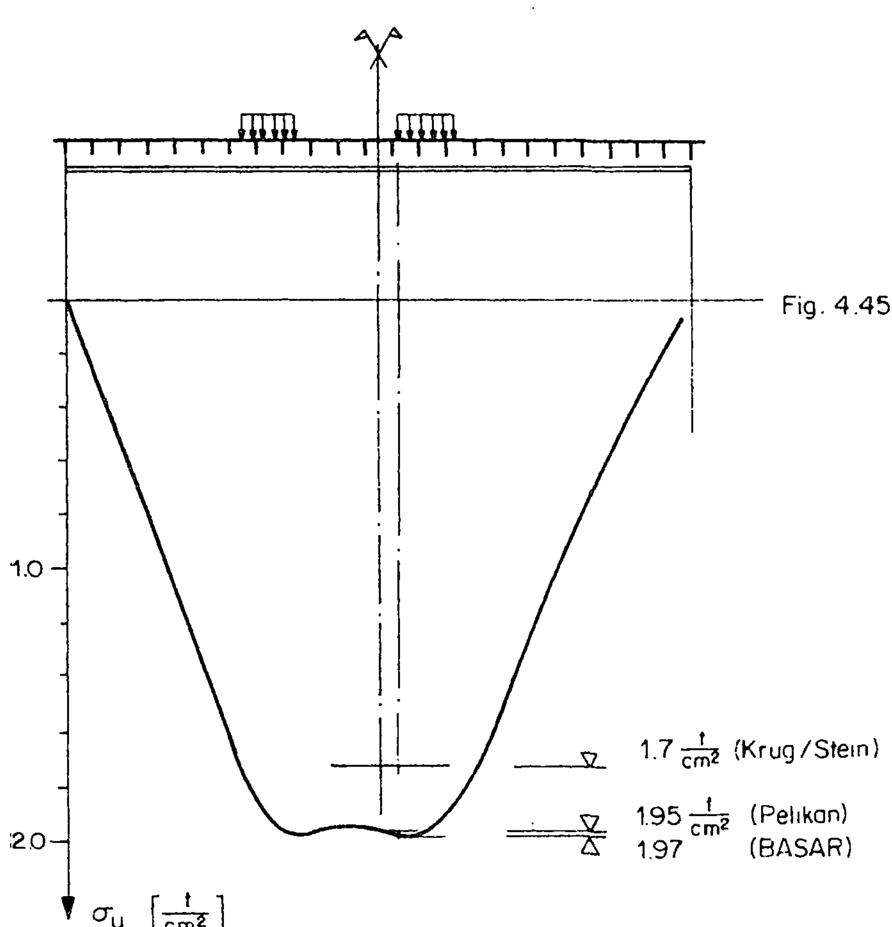

Fig. 4.45
1.0
2.0
1.7 $\frac{t}{cm^2}$ (Krug/Stein)
1.95 $\frac{t}{cm^2}$ (Pelikan)
1.97 (BASAR)
σ_u $\left[\frac{t}{cm^2}\right]$

$\sigma_t \left[\dfrac{t}{cm^2}\right]$
0.3
0.2
0.1
a
-0.247
Pelikan
-0.227
a
7500

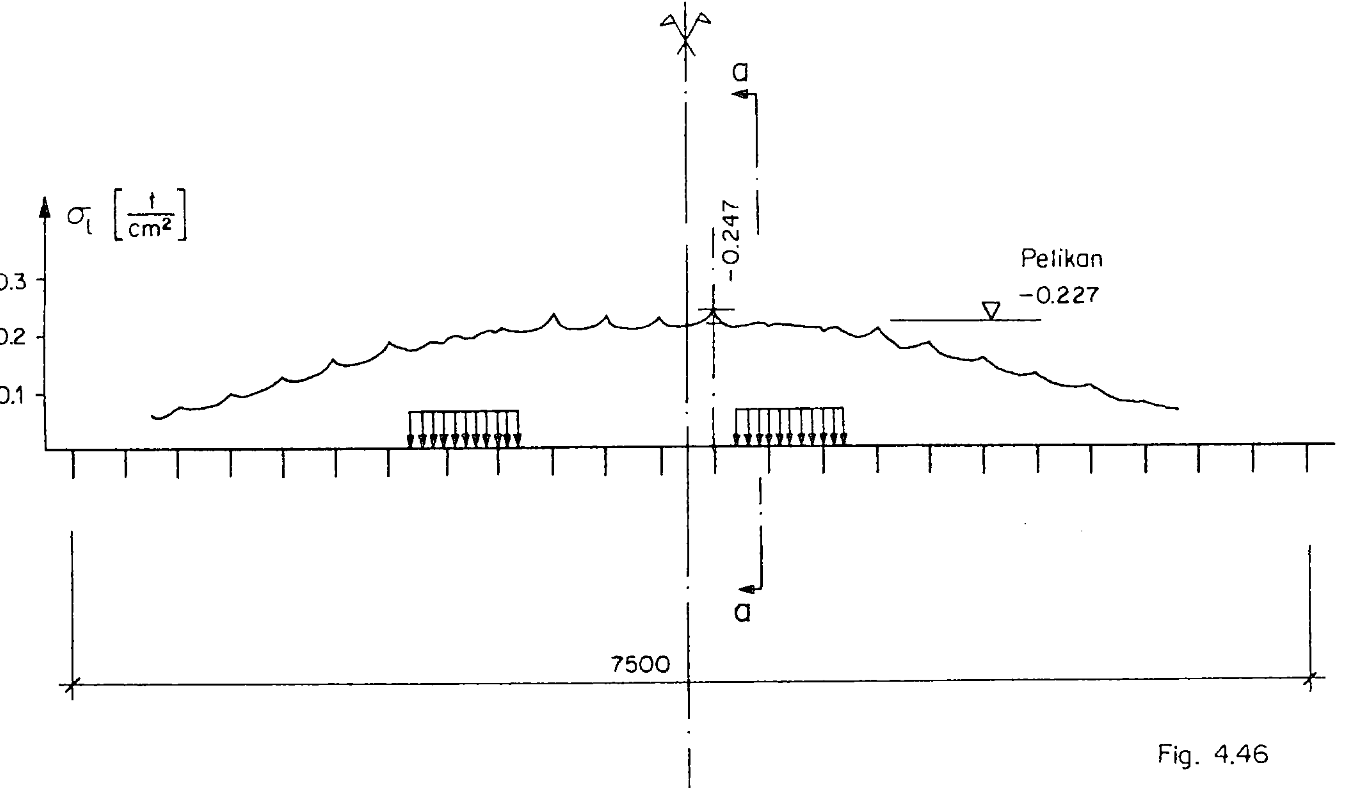

Fig. 4.46

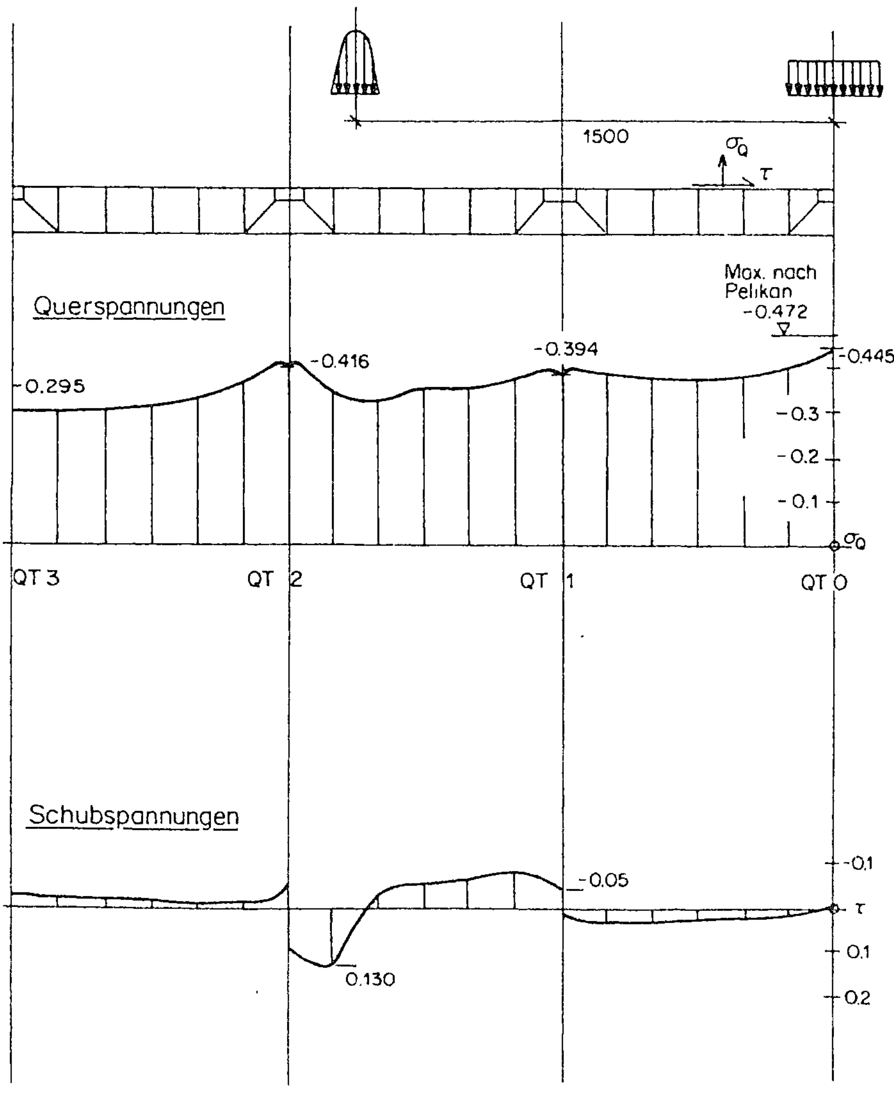

Fig. 4.47   Quer - und Schubspannungen im Blech
Schnitt a-a

LITERATUR

[1]   Bosshard W.:
       "BASAR. Eingabekonvention und Programmbeschreibung"
       Institut für Baustatik und Stahlbau, ETH, Zürich (1972)

[2]   de Veubeke B.F., Zienkiewicz O.C.:
       "Strain Energy Bounds in Finite Element Analysis by
       Slab Analogy"
       J. of Strain Analysis, Vol. 2, No. 4, 1967, pp. 265 - 271

[3]   Mikhlin / Smolitskiy:
       "Approximate Methods for Solution of Differential and
       Integral Equations"
       American Elsevier, New York 1967

[4]   Pin Tong, Pian T.H.H.:
       "A Variational Principle and the Convergence of a Finite-
       Element Method Based on Assumed Stress Distribution"
       Int. J. Solids Structures, 1969, Vol. 5, pp. 463 - 472

[5]   Pian T.H.H., Pin Tong:
       "Basis of Finite Element Methods for Solid Continua"
       Int. J. Num. Meth. Eng. Vol. 1, pp. 3 - 28 (1969)

[6]   Bosshard W.:
       "Ein neues, vollverträgliches endliches Element für
       Plattenbiegung"
       Abhandlungen IVBH, Band I, Zürich 1968

[7]   Bell K.:
        "A Refined Triangular Plate Bending Finite Element"
        Int. J. Num. Meth. Eng. 1, 101 - 122 (1969).Auch in:
        "Analysis of thin Plates in Bending Using Triangular
        Finite Elements"
        Division of Structural Mechanics, The Technical Uni-
        versity of Norway, Trondheim, Feb. 1968

[8]   Visser W.:
        "The Finite Element Method in Deformation and Heat
        Conducting Problems"
        Diss. T.H. Delft, März 1968

[9]   Zlámal M.:
        "On the Finite Element Method"
        Numer. Math. 12, 394 - 409 (1968)

[10]   Argyris H.H., Fried I., Scharpf D.W.:
        "The TUBA Family of Plate Elements for the Matrix
        Displacement Method"
        Journal of the Royal Aeronautical Society, Vol. 72,
        August 1968

[11]   Goel J.-J,:
        "Utilisation numérique de la méthode de Ritz, application
        au calcul de plaque"; Thèse de doctorat, Ecole poly-
        technique de l'Université de Lausanne, 1968.

[12]   Cowper G.R., Kosko E., Lindberg G.M., Olson M.D.:
        "Formulation of a New Triangular Plate Bending Element"
        Can. Aerospace Inst. Trans. 1,86 (1968)

[13] Butlin G.A., Ford R.:
"A Compatible Triangular Plate Bending Finite Element"
University of Leicester, Eng. Dep. Report 68 - 15, 1968
See also Int. J. Solids Structures, 6, 3, 323 - 333
(1970)

[14] Argyris J.H., Buck K.E.:
"A Sequel to Technical Note 14 on the Tuba Family of
Plate Elements"
Journal Roy. Aeron. Soc. Vol. 72, 977-983 (1968)

[15] Bergan P.G.:
"Analysis of Plane Stress by the Finite Element Method.
Triangular Element with 6 Parameters in each Node".
Division of Structural Mechanics, The Technical Uni-
versity of Norway, 1967

[16] Andruszewicz S.:
"Berechnung hochgradig statisch unbestimmter Rahmentrag-
werke vom Standpunkt der zweckmässigsten Wahl der Ueber-
zähligen"
Forscherarbeiten auf dem Gebiet des Eisenbetons, Heft
XLIV, Seite 57; W. Ernst + Sohn, Berlin 1935.

[17] Dallison K.J.:
"Stress Analysis of Circular Frames in a Non-tapering
Fuselage"
J. Roy. Aeron. Soc. Vol. LVII, 1953, pp.151-176

[18] Irons + Draper:
"Lagrange Multiplier Techniques in Structural Analysis"
Journal AIAA 3, 1965, pp. 1172-1175

[19] Denke P.H.:
"A Matrix Method of Structural Analysis"
Proc. Second US National Congress of Appl. Mech.,
ASME, pp. 445-451, June 1954

[20] Robinson and Regl:
"An Automated Matrix Analysis for general Plane Frames"
J. Am. Helicopter Soc. 8, Oct.1963

[21] S.W. Key:
"A Convergence Investigation on the Direct Stiffness
Method"
Ph. D. Thesis, Univ. of Washington, Seattle, 1966
Dissertation Abstracts.Order No. 66-12.014

[22] de Veubecke B.F.:
"Upper and Lower Bounds in Matrix Structural Analysis"
AGARDograph 72, Pergamon Press (1964)   und:
"Bending and stretching of Plates, special models for
upper and lower bounds"
I. Conf. on Matrix Methods in Struct. Mech. Wright-
Patterson AF-Base, Oct. 1965

[23] Morley L.S.D.:
"A triangular equilibrium element with linearly varying
bending moments for plate bending problems"
J. Roy. Aeron. Soc. 71, 715-719 (1967)

[24] Anderheggen E.:
"Finite Element Plate Bending Equilibrium Analysis"
I. Eng. Mech. Div. Proc. ASCE, August 1969 pp. 841-857

[25] de Veubeke B.F., Sander G.:
"An Equilibrium Model for Plate Bending"
Int. J. Solids Struct. Vol. 4, No. 4. 1968 pp. 447-468

[26] Watwood V.B. Jr., Hartz B.J.:
"An Equilibrium Stress Field Model for Finite Element
Solutions of Two-Dimensional Elastostatic problems"
Int. J. Solids Structures, 1968, Vol. 4, pp. 857-873

[27] Sander G.:
"Application of the Dual Analysis Principle"
Paper presented at IUTAM Colloquium on "High Speed
Computing of Elastic Structures" Liège, Belgium,
August 23 - 28, 1970

[28] Washizu K.:
"Variational Methods in Elasticity and Plasticity"
Pergamon 1968

[29] Zurmühl:
"Matrizen"
Springer 1950

[30] Felippa C.A.:
"Refined Finite Element Analysis of Two-Dimensional
Structures"
Univ. of California, Dep. of Civil Eng., Report No.
66-22 (1966)

[31] Argyris J.H., Bosshard W., Fried I., Hilber H.M.:
"A Fully Compatible Plate Bending Element"
ISD Report No. 42, Dec. 1967

[32] Przemienieckj J.S.:
"Matrix Structural Analysis of Substructures"
AIAA Journal Vol. 1, No. 1, Jan 1963

[33] Almond J.C., Skagestein G.M.:
"Systematic Operations on Recursively Partitioned
Matrices"
RRZ-Report No. 12, Regionales Rechenzentrum Stuttgart,
7 Stuttgart 80, Pfaffenwaldring 27

[34] Jensen H.G., Parks G.A.:
"Efficient Solutions for Linear Matrix Equations"
Proc. of the American Society of Civil Engineers
Journal of the Structural Division Vol. 96   No. ST1
Jan. 1970

[35] Comm. ACM 7 (1964) 10, p. 590-625

[36] Dubas P., Hauri H.:
"Die Autobahnbrücke über die Saane bei Freiburg"
Schweizerische Bauzeitung 84, Heft 1, 1966

[37] Kollbrunner C.F., Basler K.:
"Torsion"
Springer 1966

[38] Czerwenka G., Schnell U.W.:
"Einführung in die Rechenmethoden des Leichtbaus I"
B.I - Hochschultaschenbücher 124/124a

[39] Pelikan W., Esslinger M.:
"Die Stahlfahrbahn; Berechnung und Konstruktion"
M.A.N.-Forschungsheft Nr. 7/1957

[40] Dubas P.:
"Deux problèmes relatifs à l'étude des portiques
étagés multiples"
Internationale Vereinigung für Brückenbau und Hochbau,
6. Kongress, Stockholm 1960 (Vorbericht).

[41] Metzer W.:
      "Die mittragende Breite"
      Diss. TH Aachen, 1925

[42] Timoshenko and Goodier:
      "Theory of Elasticity"
      Mc Graw-Hill/Kogakusha, Tokyo 1951.

[43] Anderheggen E.:
      "Programme zur Methode der Finiten Elemente"
      Institut für Baustatik, ETH Zürich, Bericht Nr. 23, 1969.

[44] Bauer F.L.:
      "Genauigkeitsfragen bei der Lösung linearer Gleichungs-
      systeme"
      ZAMM 46, Heft 7/1966 (409 - 421).